U0246986

Ludwig von Bertalanffy

● 贝塔朗菲签名

Problems of Life

An Evaluation of Modern Biological Thought

贝塔朗菲深深地植根于生命系统的理论中，在这一领域中，他开创了某种最深层次的先驱性研究。从中再引申出独特的视角触及社会和行为科学领域，并在此基础上创立一般系统理论。这个理论使得上述领域都被整合到一个独特的智力大厦之中。

——罗伯特·罗森（Robert Rosen，美国理论生物学家）

贝塔朗菲的遗产是当代思想库中一座富有影响的纪念碑，这恰恰不是因为它那异常丰富的多样性，而是它对于一种整合之力的深刻洞察，正是这种力使得我们与宇宙紧密相连。

——马克·戴维森（Mark Davidson，美国传记作家）

本书列入“十四五”国家重点图书出版规划

科学元典丛书

The Series of the Great Classics in Science

主　　编　任定成
执行主编　周雁翎

策　　划　周雁翎
丛书主持　陈　静

科学元典是科学史和人类文明史上划时代的丰碑，是人类文化的优秀遗产，是历经时间考验的不朽之作。它们不仅是伟大的科学创造的结晶，而且是科学精神、科学思想和科学方法的载体，具有永恒的意义和价值。

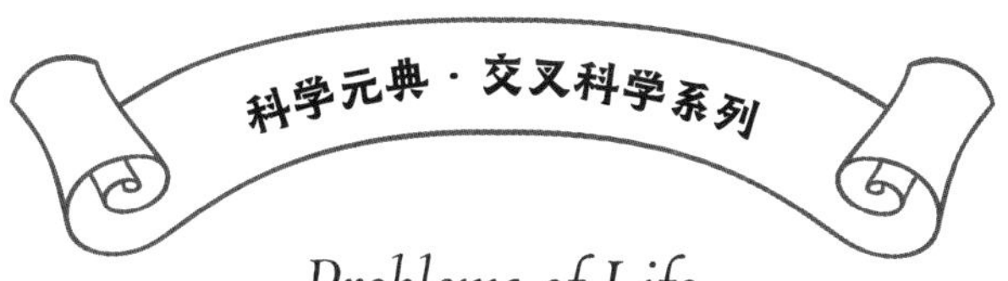

Problems of Life
An Evaluation of Modern Biological Thought

生命问题

现代生物学思想评价

[美] 贝塔朗菲（L. v. Bertalanffy）著

吴晓江 译　金吾伦 校

图书在版编目（CIP）数据

生命问题：现代生物学思想评价 /（美）贝塔朗菲著；吴晓江译. -- 北京：北京大学出版社，2025. 1. --（科学元典丛书）.

ISBN 978-7-301-35518-3

Ⅰ. Q

中国国家版本馆 CIP 数据核字第 2024B62W10 号

Problems of Life

An Evaluation of Modern Biological Thought

By Ludwig von Bertalanffy

Watts & Co. 1952

（本书根据英国沃茨出版公司 1952 年版译出）

书　　名　生命问题——现代生物学思想评价
SHENGMING WENTI——XIANDAI SHENGWUXUE SIXIANG PINGJIA
著作责任者　［美］贝塔朗菲（L. v. Bertalanffy）著　吴晓江 译
丛书策划　周雁翎
丛书主持　陈　静
责任编辑　孟祥蕊　陈　静
标准书号　ISBN 978-7-301-35518-3
出版发行　北京大学出版社
地　　址　北京市海淀区成府路 205 号　100871
网　　址　http://www.pup.cn　新浪微博：@ 北京大学出版社
微信公众号　通识书苑（微信号：sartspku）　科学元典（微信号：kexueyuandian）
电子邮箱　编辑部 jyzx@pup.cn　总编室 zpup@pup.cn
电　　话　邮购部 010-62752015　发行部 010-62750672　编辑部 010-62707542
印 刷 者　天津裕同印刷有限公司
经 销 者　新华书店
880 毫米 × 1230 毫米　A5　9 印张　217 千字
2025 年 1 月第 1 版　2025 年 1 月第 1 次印刷
定　　价　69.00元（精装）

弁　　言

· *Preface to the Series of the Great Classics in Science* ·

这套丛书中收入的著作，是自古希腊以来，主要是自文艺复兴时期现代科学诞生以来，经过足够长的历史检验的科学经典。为了区别于时下被广泛使用的“经典”一词，我们称之为“科学元典”。

我们这里所说的“经典”，不同于歌迷们所说的“经典”，也不同于表演艺术家们朗诵的“科学经典名篇”。受歌迷欢迎的流行歌曲属于“当代经典”，实际上是时尚的东西，其含义与我们所说的代表传统的经典恰恰相反。表演艺术家们朗诵的“科学经典名篇”多是表现科学家们的情感和生活态度的散文，甚至反映科学家生活的话剧台词，它们可能脍炙人口，是否属于人文领域里的经典姑且不论，但基本上没有科学内容。并非著名科学大师的一切言论或者是广为流传的作品都是科学经典。

这里所谓的科学元典，是指科学经典中最基本、最重要的著作，是在人类智识史和人类文明史上划时代的丰碑，是理性精神的载体，具有永恒的价值。

一

科学元典或者是一场深刻的科学革命的丰碑，或者是一个严密的科学体系的构架，或者是一个生机勃勃的科学领域的基石，或者是一座传播科学文明的灯塔。它们既是昔日科学成就的创造性总结，又是未来科学探索的理性依托。

哥白尼的《天体运行论》是人类历史上最具革命性的震撼心灵的著作，它向统治西方思想千余年的地心说发出了挑战，动摇了“正统宗教”学说的天文学基础。伽利略《关于托勒密和哥白尼两大世界体系的对话》以确凿的证据进一步论证了哥白尼学说，更直接地动摇了教会所庇护的托勒密学说。哈维的《心血运动论》以对人类躯体和心灵的双重关怀，满怀真挚的宗教情感，阐述了血液循环理论，推翻了同样统治西方思想千余年、被“正统宗教”所庇护的盖伦学说。笛卡儿的《几何》不仅创立了为后来诞生的微积分提供了工具的解析几何，而且折射出影响万世的思想方法论。牛顿的《自然哲学之数学原理》标志着 17 世纪科学革命的顶点，为后来的工业革命奠定了科学基础。分别以惠更斯的《光论》与牛顿的《光学》为代表的波动说与微粒说之间展开了长达 200 余年的论战。拉瓦锡在《化学基础论》中详尽论述了氧化理论，推翻了统治化学百余年之久的燃素理论，这一智识壮举被公认为历史上最自觉的科学革命。道尔顿的《化学哲学新体系》奠定了物质结构理论的基础，开创了科学中的新时代，使 19 世纪的化学家们有计划地向未知领域前进。傅立叶的《热的解析理论》以其对热传导问题的精湛处理，突破了牛顿的《自然哲学之数学原理》所规定的理论力学范围，开创了数学物理学的崭新领域。达尔文《物种起源》中的进化论思想不仅在生物学发展到分子水平的今天仍然是科学家们阐释的对象，而且 100 多年来几乎在科学、社会和人文的所有领域都在施展它有形和无形的影响。《基因论》揭示了孟德尔式遗传性状传递机理的物质基础，把生命科学推进到基因水平。爱因斯坦的《狭义与广义相对论浅说》和薛定谔的《关于波动力学的四次演讲》分别阐述了物质世界在高速和微观领域的运动规律，完全改变了自牛顿以来的世界观。魏格纳的《海陆的起源》提出了大陆漂移的猜想，为当代地球科学提供了新的发展基点。维纳的《控制论》揭示了控制系统的反馈过程，普里戈金的《从存在到演化》发现了系统可能从原来无序向新的有序态转化的机制，二者的思想在今天的影响已经远远超越了自然科学领域，影响到经济学、社会学、政治学等领域。

科学元典的永恒魅力令后人特别是后来的思想家为之倾倒。欧几里得的《几何原本》以手抄本形式流传了1800余年，又以印刷本用各种文字出了1000版以上。阿基米德写了大量的科学著作，达·芬奇把他当作偶像崇拜，热切搜求他的手稿。伽利略以他的继承人自居。莱布尼兹则说，了解他的人对后代杰出人物的成就就不会那么赞赏了。为捍卫《天体运行论》中的学说，布鲁诺被教会处以火刑。伽利略因为其《关于托勒密和哥白尼两大世界体系的对话》一书，遭教会的终身监禁，备受折磨。伽利略说吉尔伯特的《论磁》一书伟大得令人嫉妒。拉普拉斯说，牛顿的《自然哲学之数学原理》揭示了宇宙的最伟大定律，它将永远成为深邃智慧的纪念碑。拉瓦锡在他的《化学基础论》出版后5年被法国革命法庭处死，传说拉格朗日悲愤地说，砍掉这颗头颅只要一瞬间，再长出这样的头颅100年也不够。《化学哲学新体系》的作者道尔顿应邀访法，当他走进法国科学院会议厅时，院长和全体院士起立致敬，得到拿破仑未曾享有的殊荣。傅立叶在《热的解析理论》中阐述的强有力的数学工具深深影响了整个现代物理学，推动数学分析的发展达一个多世纪，麦克斯韦称赞该书是“一首美妙的诗”。当人们咒骂《物种起源》是“魔鬼的经典”“禽兽的哲学”的时候，赫胥黎甘做“达尔文的斗犬”，挺身捍卫进化论，撰写了《进化论与伦理学》和《人类在自然界的位置》，阐发达尔文的学说。经过严复的译述，赫胥黎的著作成为维新领袖、辛亥精英、“五四”斗士改造中国的思想武器。爱因斯坦说法拉第在《电学实验研究》中论证的磁场和电场的思想是自牛顿以来物理学基础所经历的最深刻变化。

在科学元典里，有讲述不完的传奇故事，有颠覆思想的心智波涛，有激动人心的理性思考，有万世不竭的精神甘泉。

二

按照科学计量学先驱普赖斯等人的研究，现代科学文献在多数时间里呈指数增长趋势。现代科学界，相当多的科学文献发表之后，并没有任何人引用。就是一时被引用过的科学文献，很多没过多久就被新的文献所淹没了。科学注重的是创造出新的实在知识。从这个意义上说，科学是向前看的。但是，我们也可以看到，这么多文献被淹没，也表明划时代的科学文献数量是很少的。大多数科学元典不被现代科学文献所引用，那是因为其中的知识早已成为科学中无须证明的常识了。即使这样，科学经典也会因为其中思想的恒久意义，而像人文领域里的经典一样，具有永恒的阅读价值。于是，科学经典就被一编再编、一印再印。

早期诺贝尔奖得主奥斯特瓦尔德编的物理学和化学经典丛书“精密自然科学经典”从 1889 年开始出版，后来以“奥斯特瓦尔德经典著作”为名一直在编辑出版，有资料说目前已经出版了 250 余卷。祖德霍夫编辑的“医学经典”丛书从 1910 年就开始陆续出版了。也是这一年，蒸馏器俱乐部编辑出版了 20 卷“蒸馏器俱乐部再版本”丛书，丛书中全是化学经典，这个版本甚至被化学家在 20 世纪的科学刊物上发表的论文所引用。一般把 1789 年拉瓦锡的化学革命当作现代化学诞生的标志，把 1914 年爆发的第一次世界大战称为化学家之战。奈特把反映这个时期化学的重大进展的文章编成一卷，把这个时期的其他 9 部总结性化学著作各编为一卷，辑为 10 卷“1789—1914 年的化学发展”丛书，于 1998 年出版。像这样的某一科学领域的经典丛书还有很多很多。

科学领域里的经典，与人文领域里的经典一样，是经得起反复咀嚼的。两个领域里的经典一起，就可以勾勒出人类智识的发展轨迹。正因为如此，在发达国家出版的很多经典丛书中，就包含了这两个领域的重要著作。1924 年起，沃尔科特开始主编一套包括人文与科学两个领域的原始文献丛书。这个计划先后得到了美国哲学协会、美国科学促进会、美国科学史学会、美国人类学协会、美国数学协会、美国数学学会以及美国天文学学会的支持。1925 年，这套丛书中的《天文学原始文献》和《数学原始文献》出版，这两本书出版后的 25 年内市场情况一直很好。1950 年，沃尔科特把这套丛书中的科学经典部分发展成为“科学史原始文献”丛书出版。其中有《希腊科学原始文献》《中世纪科学原始文献》和《20 世纪（1900—1950 年）科学原始文献》，文艺复兴至 19 世纪则按科学学科（天文学、数学、物理学、地质学、动物生物学以及化学诸卷）编辑出版。约翰逊、米利肯和威瑟斯庞三人主编的“大师杰作丛书”中，包括了小尼德勒编的 3 卷“科学大师杰作”，后者于 1947 年初版，后来多次重印。

在综合性的经典丛书中，影响最为广泛的当推哈钦斯和艾德勒 1943 年开始主持编译的“西方世界伟大著作丛书”。这套书耗资 200 万美元，于 1952 年完成。丛书根据独创性、文献价值、历史地位和现存意义等标准，选择出 74 位西方历史文化巨人的 443 部作品，加上丛书导言和综合索引，辑为 54 卷，篇幅 2500 万单词，共 32000 页。丛书中收入不少科学著作。购买丛书的不仅有“大款”和学者，而且还有屠夫、面包师和烛台匠。迄 1965 年，丛书已重印 30 次左右，此后还多次重印，任何国家稍微像样的大学图书馆都将其列入必藏图书之列。这套丛书是 20 世纪上半叶在美国大学兴起而后扩展到全社会的经典著作研读运动的产物。这个时期，美国一些大学的寓所、校园和酒吧里都能听到学生讨论古典佳作的声音。有的大学要求学生必须深研 100 多部名著，甚至在教学中不得使用最新的实验设备，而是借助历史上的科学大师所使用的方法和仪器复制品去再现划时代的著名实验。至 20 世纪 40 年代末，美国举办古典名著学习班的城市达 300 个，学员 50000 余众。

相比之下，国人眼中的经典，往往多指人文而少有科学。一部公元前 300 年左右古希腊人写就的《几何原本》，从 1592 年到 1605 年的 13 年间先后 3 次汉译而未果，经 17 世纪初和 19 世纪 50 年代的两次努力才分别译刊出全书来。近几百年来移译的西学典籍中，成系统者甚多，但皆系人文领域。汉译科学著作，多为应景之需，所见典籍寥若晨星。借 20 世纪

70年代末举国欢庆“科学春天”到来之良机，有好尚者发出组译出版“自然科学世界名著丛书”的呼声，但最终结果却是好尚者抱憾而终。20世纪90年代初出版的“科学名著文库”，虽使科学元典的汉译初见系统，但以10卷之小的容量投放于偌大的中国读书界，与具有悠久文化传统的泱泱大国实不相称。

我们不得不问：一个民族只重视人文经典而忽视科学经典，何以自立于当代世界民族之林呢？

三

科学元典是科学进一步发展的灯塔和坐标。它们标识的重大突破，往往导致的是常规科学的快速发展。在常规科学时期，人们发现的多数现象和提出的多数理论，都要用科学元典中的思想来解释。而在常规科学中发现的旧范型中看似不能得到解释的现象，其重要性往往也要通过与科学元典中的思想的比较显示出来。

在常规科学时期，不仅有专注于狭窄领域常规研究的科学家，也有一些从事着常规研究但又关注着科学基础、科学思想以及科学划时代变化的科学家。随着科学发展中发现的新现象，这些科学家的头脑里自然而然地就会浮现历史上相应的划时代成就。他们会对科学元典中的相应思想，重新加以诠释，以期从中得出对新现象的说明，并有可能产生新的理念。百余年来，达尔文在《物种起源》中提出的思想，被不同的人解读出不同的信息。古脊椎动物学、古人类学、进化生物学、遗传学、动物行为学、社会生物学等领域的几乎所有重大发现，都要拿出来与《物种起源》中的思想进行比较和说明。玻尔在揭示氢光谱的结构时，提出的原子结构就类似于哥白尼等人的太阳系模型。现代量子力学揭示的微观物质的波粒二象性，就是对光的波粒二象性的拓展，而爱因斯坦揭示的光的波粒二象性就是在光的波动说和微粒说的基础上，针对光电效应，提出的全新理论。而正是与光的波动说和微粒说二者的困难的比较，我们才可以看出光的波粒二象性学说的意义。可以说，科学元典是时读时新的。

除了具体的科学思想之外，科学元典还以其方法学上的创造性而彪炳史册。这些方法学思想，永远值得后人学习和研究。当代诸多研究人的创造性的前沿领域，如认知心理学、科学哲学、人工智能、认知科学等，都涉及对科学大师的研究方法的研究。一些科学史学家以科学元典为基点，把触角延伸到科学家的信件、实验室记录、所属机构的档案等原始材料中去，揭示出许多新的历史现象。近二十多年兴起的机器发现，首先就是对科学史学家提供的材料，编制程序，在机器中重新做出历史上的伟大发现。借助于人工智能手段，人们已经在机器上重新发现了波义耳定律、开普勒行星运动第三定律，提出了燃素理论。萨伽德甚至用机器研究科学理论的竞争与接受，系统研究了拉瓦锡氧化理论、达尔文进化学说、魏格纳大陆漂移说、哥白尼日心说、牛顿力学、爱因斯坦相对论、量子论以及心理学中的行为主义和认知主义形成的革命过程和接受过程。

除了这些对于科学元典标识的重大科学成就中的创造力的研究之外，人们还曾经大规模地把这些成就的创造过程运用于基础教育之中。美国几十年前兴起的发现法教学，就是在这方面的尝试。近二十多年来，兴起了基础教育改革的全球浪潮，其目标就是提高学生的科学素养，改变片面灌输科学知识的状况。其中的一个重要举措，就是在教学中加强科学探究过程的理解和训练。因为，单就科学本身而言，它不仅外化为工艺、流程、技术及其产物等器物形态，直接表现为概念、定律和理论等知识形态，更深蕴于其特有的思想、观念和方法等精神形态之中。没有人怀疑，我们通过阅读今天的教科书就可以方便地学到科学元典著作中的科学知识，而且由于科学的进步，我们从现代教科书上所学的知识甚至比经典著作中的更完善。但是，教科书所提供的只是结晶状态的凝固知识，而科学本是历史的、创造的、流动的，在这历史、创造和流动过程之中，一些东西蒸发了，另一些东西积淀了，只有科学思想、科学观念和科学方法保持着永恒的活力。

然而，遗憾的是，我们的基础教育课本和科普读物中讲的许多科学史故事不少都是误讹相传的东西。比如，把血液循环的发现归于哈维，指责道尔顿提出二元化合物的元素原子数最简比是当时的错误，讲伽利略在比萨斜塔上做过落体实验，宣称牛顿提出了牛顿定律的诸数学表达式，等等。好像科学史就像网络上传播的八卦那样简单和耸人听闻。为避免这样的误讹，我们不妨读一读科学元典，看看历史上的伟人当时到底是如何思考的。

现在，我们的大学正处在席卷全球的通识教育浪潮之中。就我的理解，通识教育固然要对理工农医专业的学生开设一些人文社会科学的导论性课程，要对人文社会科学专业的学生开设一些理工农医的导论性课程，但是，我们也可以考虑适当跳出专与博、文与理的关系的思考路数，对所有专业的学生开设一些真正通而识之的综合性课程，或者倡导这样的阅读活动、讨论活动、交流活动甚至跨学科的研究活动，发掘文化遗产、分享古典智慧、继承高雅传统，把经典与前沿、传统与现代、创造与继承、现实与永恒等事关全民素质、民族命运和世界使命的问题联合起来进行思索。

我们面对不朽的理性群碑，也就是面对永恒的科学灵魂。在这些灵魂面前，我们不是要顶礼膜拜，而是要认真研习解读，读出历史的价值，读出时代的精神，把握科学的灵魂。我们要不断吸取深蕴其中的科学精神、科学思想和科学方法，并使之成为推动我们前进的伟大精神力量。

任定成
2005 年 8 月 6 日
北京大学承泽园迪吉轩

目　　录

导　　读

吴晓江

（上海社会科学院哲学研究所研究员）

· *Introduction to Chinese Version* ·

从理论生物学家走向现代系统论之父的历史足迹——生物学领域的“哥白尼革命”：机体论生命观的诞生——评价现代生物学思想：机体论科学内涵的具体展开——“生命是什么”问题的新探索：对现代生物学思想的原创性贡献——走向科学的统一：从机体论发展到一般系统论

贝塔朗菲，奥地利裔美籍理论生物学家，
一般系统论创始人。照片中的贝塔朗菲时年 25 岁

20世纪80年代初期起，对外开放的中国学术界涌现出积极引进和探讨国外新兴自然科学哲学理论的热潮，其中，系统论成为当时广泛传播的热门理论之一。由此，现代系统论的创始人路德维希·冯·贝塔朗菲（Ludwig von Bertalanffy，1901—1972）[①]在中国知识界声誉鹊起。然而，贝塔朗菲的代表作《一般系统论》中译本于1987年发表之前，人们不很清楚一般系统论的缘起和主要内涵，往往将其与源于大型信息科技企业工程设计，发展于军事、航天和其他产业部门大型工程设计和管理的“系统工程”概念相混淆；人们也不很清楚贝塔朗菲的身份首先是一位理论生物学家，以及他研究现代生物学思想与创立现代系统论之间的历史渊源关系。

其实，贝塔朗菲创立一般系统论的思想源头可以追溯到他于1949年发表德文学术著作《生物学世界观——自然的和科学的生命观》（*Das Biologische Weltbild: Die Stellung des Lebens in Natur und Wissenschaft*）。1952年该书出版英文本，书名改为“生命问题——现代生物学思想评价”（*Problems of Life: An Evaluation of Modern Biological Thought*）。这本具有国际影响力的学术名著提出原创性的“机体论”生命观，正是他创建一般系统论的理论起点。正如他晚年发表的论文《一般系统论的历史和现状》所言：“机体论纲领是尔后著名的一般系统论的萌芽”，“也是系统论的纲领”。

生物学专业出身的贝塔朗菲如何从生命科学领域起步，走向创立具有新世界观意义的现代系统论的宏阔天地？其中的历史逻辑、理论逻辑是什么？这需要首先从他的学术生涯谈起。

---

① 本书“导读”和译文中出现的主要科学家、哲学家等人物的生卒年由本书中文版责任编辑加注。

一、从理论生物学家走向现代系统论之父的历史足迹

贝塔朗菲 1901 年生于奥地利。他在大学预科时期就表现出广泛的求知兴趣，学习过荷马（Homēros，约公元前 9—前 8 世纪）、柏拉图（Plato，约公元前 427—前 348）的作品，也熟悉拉马克（J. Lamarck，1744—1829）、达尔文（C. Darwin，1809—1882）、马克思（K. Marx，1818—1883）等人的著作，还尝试过创作诗歌、戏剧、小说。这些兴趣培养了他的综合文化素养，以至于他在《生命问题》这部科学名著的写作中显露出敏捷的哲学思维和文学语言表达的才华。他在因斯布鲁克大学度过短暂学习时期后，进入维也纳大学学习。在那里，他为科学和哲学氛围所吸引。1926 年，他在物理学家、哲学家莫里茨·石里克（Moritz Schlick，1882—1936）的指导下获博士学位。其博士论文是对物理哲学家古斯塔夫·费希纳（Gustav T. Fechner，1801—1887）开创心理物理学工作的研究。1928 年，他的专著《现代发育理论》德文本出版，提出用数学和模型研究生物学的方法，初步构建出有机体系统论的概念。这本著作于 1933 年由英国生物学家约瑟夫·亨利·伍杰（Joseph Henry Woodger，1894—1981）翻译成英文，其影响扩大到德语国家以外的科学界。1932 年他编写的《理论生物学》第一卷在柏林出版。1934 年，他在维也纳大学任讲师，而后任生物学教授。

1937 年，他获得洛克菲勒基金会赞助，用一年时间研究美国的生物学发展，以便为他在维也纳开设的同类课程提供借鉴。在芝加哥大学，他作为洛克菲勒基金会的研究人员主持学术讲座，

也参加了其他专家的讲座。在一次哲学学术研讨会上，他首次介绍了本人提出的具有普遍应用意义的“系统定律”。1938 年夏秋季节，他到马萨诸塞州伍兹霍尔海洋生物学研究室做有关“生长性质”的实验研究，与那里的生物学家研讨生物学理论。这年 10 月以后，他返回维也纳。作为当时有一定知名度的生物学家，他承担了德国一家出版社邀请他编辑百科全书式的《生物学手册》（14 卷本）的工作。同时，他在维也纳大学实验室继续开展对生长性质的研究，包括癌症的非正常生长。第二次世界大战爆发后，德国吞并奥地利。奥地利年轻人若想避免进入德国军队，最好的办法就是注册成为医学院学生。为此，他不得不承担起为千余名医学专业学生开课的繁重教学任务。

第二次世界大战结束后，走出战争阴影的贝塔朗菲，于 1946 年开始准备写作两本书，一本是为医学院学生写的生物学教科书，另一本就是《生命问题》。所幸的是，1948 年瑞士伯尔尼有一家出版公司邀请贝塔朗菲去瑞士，这让经济拮据的他能够舒适地生活在伯尔尼教会办的招待所中，专心致志地撰写《生命问题》。正如贝塔朗菲在这部专著的序言结尾所言，他是在瑞士的美好时光里完成这部著作的，为此，他要向出版商等人士表示衷心感谢，并且对于在瑞士艺术和文化氛围中所享有的友情铭记不忘。

这本科学著作的考察视野几乎涵盖了生物学各个主要分支学科领域，系统总结了 20 世纪上半叶生物学的主要实验成果和思想成果，并且从生物学与物理学、化学、心理学、哲学、社会科学的相互关系的角度，分析和评价了这个时代的生物学思想，尤其深刻剖析了生物学领域长期以来进行激烈争论的机械论生命观与活力论生命观在这个时代新的表现形式、本质特征及其思想根源，提出了超越机械论生命观和活力论生命观的第三种生命观——机体论生命观的基本原理。机体论生命观为现代生命科学的发展提供了新的研究范式。

贝塔朗菲写《生命问题》的意义绝不仅仅限于在生物学领域建立起一种新的生物学哲学，一种新的生命观。他在这本著作的序言中，高屋建瓴地指出："生物学的使命——既包括对本领域特殊现象的理解和把握，也包括对我们基本的世界观的贡献。"序言道出了从生物学领域构建富有哲学意义的机体论的更高目标："在这本著作中，我们在机体论概念框架内对基本的生物学问题和定律做了一番概括。由此，我们着手研究生物学知识，最后得出现代世界观的一般原理——我们称之为'一般系统论'。"因此，《生命问题》打开了另一个科学思想新境界，就是用机体论概念透视现代自然科学和社会科学诸领域出现的基本原理的逻辑相应性或同形性，在机体论的基础上确立了普遍适用于各学科领域、富有新世界观意义的"一般系统论"的基本框架、基本原理，为科学的统一或科学的整体化、探索新的世界图景提供了新的研究纲领。了解一般系统论渊源于机体论的历史，可使人们理解贝塔朗菲晚年的特别提醒：不要把一般系统论的产生误解为第二次世界大战军事研究或技术研究的结果。

正是由于这本著作贡献了以上两大原创性的、具有新研究范式意义的重要科学思想，而且论述观点鲜明，分析透彻，字里行间时时闪现出哲理光辉和文学色彩，引起了国际科学界和出版界的关注。1952 年，英国沃茨出版公司出版了该书英文本。贝塔朗菲在英文本中增添了他于 1950 年至 1951 年间发表的科学论文的新观点、新材料。其中，发表于《科学》《科学哲学》《自然科学家》等著名学术刊物的论文有：《物理学和生物学的开放系统论》《一般系统论纲要》《生长类型和代谢类型》《生物学和心理学的理论模型》。另外，还增添了他和其他三位学者合著的论文集《一般系统论——对科学的统一的新探索》中他本人的新思想。该书继英文本出版之后，先后被译为日文（1954）、法文（1961）、西班牙文（1963）、荷兰文（1965），成为具有世界影响力的学术名著。

贝塔朗菲完成了《生命问题》写作之后，曾经翻译过他《现代发育理论》一书的英国生物学家约瑟夫·亨利·伍杰，时任伦敦大学米德赛克斯医院附属学校生物学系主任，邀请贝塔朗菲以访问学者身份去英国工作一年。这使得他们有机会在一起深入探讨共同感兴趣的生物学问题。

1949年，贝塔朗菲受到旨在引进欧洲学者到加拿大工作的莱迪-戴维斯基金会的赞助，携妻儿乘“法兰西皇后”号远航到加拿大。最初几个月，他被指定在麦吉尔大学工作。之后，他进入渥太华大学任生物学教授，并在该大学新建的医学部门任研究主任。在这里，他得到了政府的财政支持，开展了两方面的研究——对生物生长问题的研究和癌症诊断方法的研究。他经过长期对微生物、昆虫、无脊椎动物、鱼类、爬行类和哺乳类动物生长的观察研究，得出了关于生物生长的数学方程式，借此在已知某个物种代谢率的基础上，可以预言该物种的生长速率。贝塔朗菲生长方程式被英国农业部和渔业部、美国粮农组织和各类渔场用于预报产量，还被应用于畜牧业、植物生长过程的基础研究。在癌症研究方面，他发明了一种可用于癌细胞诊断的方法。这个方法作为一种检测多种类型的恶性肿瘤的技术，后来在美国及其他国家癌症研究室得以应用，在上万次的病人临床检测中被证明有效，也受到了苏联科学院分子生物学研究所、阿根廷布宜诺斯艾利斯匹若凡诺医院等科研和医疗机构的专家的欢迎。

1952年，《生命问题》英文本的出版发行，以及以上两项生物学医学实验研究成果的成功应用，显著提高了贝塔朗菲在国际科学界的知名度，因而应邀去美国18所大学做学术演讲。之后他回到渥太华大学工作。

1954年，贝塔朗菲辞去了加拿大的工作，应邀成为美国加利福尼亚斯坦福行为科学研究中心福特基金会的成员。正是在这个中心，他与经济学家肯尼思·博尔丁（Kenneth Boulding，1910—1993）、生物数学家阿纳托尔·拉波波特（Anatol Rapoport，1911—2007）、生物学家拉尔夫·吉拉德（Ralph Gerard，1900—1974）联合起来，创建了一般系统论学会（后改名为一般系统研究会），并与拉波波特共同主编出版协会刊物《一般系统年鉴》和《行为科学》。1955年，该中心的一位同事、精神病学家弗朗兹·亚历山大（Franz Alexander，1891—1964）博士，邀请贝塔朗菲到洛杉矶西奈山医院生理心理研究院负责其中的生物学研究项目。这期间，贝塔朗菲还兼任南加州大学医学院生理学系访问学者，主要为精神病医院医生开设讲座。1961年，加拿大艾伯塔大学心理学教授约瑟夫·罗伊斯（Joseph R. Royce，1921—1989）邀请贝塔朗菲到该校筹建理论心理学研究中心。于是，贝塔朗菲成为该中心成员，兼任该校生物学系理论生物学教授，并且主持理论心理学和科学哲学学术讲座。在艾伯塔大学期间，贝塔朗菲撰写的专著《论生物学的理论模式史》（1965）、《机器人、人和心智》（1967）、《机体论心理学和系统理论》（1968）相继出版。最重要的是，贝塔朗菲总结了他40多年来在机体论概念框架下研究生物学、心理学、医学、行为科学、社会科学领域的系统理论问题的开拓性成果，以及探索生命系统与非生命系统、生物系统与人类系统之间联系与差别的原创性成果，概括了他从1945年起开始探索一般系统论到1954年创立一般系统论学会以来的科学理论成果，撰写成重要专著《一般系统论》，于1968年出版。此后，以贝塔朗菲为代表的一般系统论思想风靡世界各国学术界，成为现代科学长河中波澜壮阔的新思潮。

值得注意的是，这本专著大部分内容在《生命问题》一书所提出的重要理论和核心思想的基础上，依据科学的新进展作了丰富和发展，深入探讨了生命有机体特有的整体性、组织性、有序性、主动性、目的性、等终局性以及生命开放系统等问题。为实现《生命问题》提出的“我们的目的是要阐明生命现象的精确定律”的愿景，这本专著用定量定律和数学模型说明了生命有机体特有的开放系统有序性、等级秩序、组织结构和功能的非加和性、及时生长、异速生长（相对生长）、等终局性、非线性因果关系、多变量相互作用等问题，彰显了《生命问题》所主张的“机体论概念是生物学从自然史的阶段即描述有机体的形态和过程的阶段，转变到精密科学阶段的前提”的深刻含义。《生命问题》序言提出:“我们要扩展关于各门学科和各个现象领域之间类似性的知识，为详细描述一般系统论这门综合性学科而扩宽基础。”贝塔朗菲提出的这个目标，在《一般系统论》中得到了进一步的实现。

由于贝塔朗菲创立和发展的一般系统论广泛涵盖了自然科学、工程科学、社会科学和人文学科各领域，产生了越来越大的国际影响，1969 年，美国纽约州立大学布法罗分校聘请他任该校教授。贝塔朗菲接受了这一聘请，到该校社会科学系工作，讲授系统科学和哲学的多门课程，同时还在理论生物学中心兼职。1972 年，他发表了重要论文《一般系统论的历史和现状》，其中表述了生物学领域的机体论是一般系统论的思想源头的观点。在这个意义上，他指出:“我们相信寻找理论生物学基础的尝试会从根本上改变世界的面貌。”

1972 年，由于贝塔朗菲在科学事业上取得国际公认的杰出成就，法国科学家委员会决定提名他为诺贝尔奖候选人。然而，非常遗憾的是，这年 6 月，在诺贝尔奖评奖委员会受理评审报送的提名文件之前，贝塔朗菲因心脏病发作后抢救无效而不幸与世长辞。

二、生物学领域的“哥白尼革命”：机体论生命观的诞生

从贝塔朗菲出生的1901年到《生命问题》首次出版的1949年，恰好是20世纪上半叶的历史时期。《生命问题》所评价的“现代生物学思想”，主要是这个时期的生物学思想。进入20世纪，生物学领域呈现出这样的主流发展的新景象：被人们视为“精密科学”典范的物理学和化学，越来越多地被引入生命研究领域，推动了传统生物学在更大程度上向注重实验和量化研究的“精密科学”方向转变。

在这进步的过程中，生物学领域出现了这样的思潮：试图将有机体的生命活动分解、简化、还原为物理学-化学运动，用物理学-化学概念和定律解释生命现象和生命本质，或者用工程科学的“机器”概念看待生命有机体的结构、功能和行为模式。20世纪初期，这种思潮的代表人物之一是德国生理学家雅克·洛伊布（Jacques Loeb，1838—1924）。1912年，他发表了当时颇有影响的著作《机械论的生命观》，主张用“纯物理-化学的观点去分析生命”，表示物理学-化学方法是深入认识生命的唯一适当的方法。这种机械论的生命观，无视研究生命活动的特殊规律，在解释生命有机体特有的整体性、组织性、有序性、主动性、目的性以及自我调节、自我修复等现象时陷入了困境。于是，生物学史上用神秘主义的“感觉的灵魂”、非物质的“活力”、超自然的

“目的”解释这些生命现象的活力论思潮重新出现。这两者都阻碍了现代生物学的发展。

机械论与活力论的对峙和交锋，是贯穿于从文艺复兴新科学运动到20世纪漫长岁月的生物学思想史的主线。《生命问题》第一章“生命问题的基本概念”抓住这条主线，摆出了20世纪上半叶机械论与活力论的主要观点和表现形式。

贝塔朗菲指出，迄今生物学研究和生物学思想是由机械论的三种主导概念决定的，即“分析和累加”的概念、“机器理论”的概念、“反应理论”的概念。这些概念的特征是：其一，把生命界复杂的实体和过程分解为许多基本单位，加以分析，以便用并列或累加这些基本的单位和过程的方法解释它们。其二，把生命过程的有序性基础视为预先建立好的机器式的固定结构。其三，把有机体看作原本是被动的反应系统，只有当它受到外界刺激时才作出反应，否则就是静止的。贝塔朗菲接着简要列举了这些机械论概念在近现代生物学诸学科——细胞学、胚胎学、生理学、遗传学、进化论中的表现。

针对机械论的三个主导概念，他在第一章第二节“机体论概念”中提出了机体论，即有机体系统论的三个主要观点：整体的系统概念——与分析和累加的观点相对立；动态概念——与静态和机器理论的概念相对立；有机体原本是活动的概念——与有机体原本是反应的概念相对立。

从机体论概念看，分析和累加的概念的局限性在于，它不可能把生命现象完全分解为基本单位。因为，每一个部分和事件不仅取决于其自身的内在条件，还取决于整体的内在条件，孤立部分的行为通常不同于它在整体联系中的行为；整体显示出它的各孤立组成部分所没有的性质。生命的特征具有整体组织化、高度有序化的系统特征，这使有机体得以保持、建造、恢复和繁殖。

整体系统的毁坏，会导致生命的终结。因此生物学的任务是要确立控制生命过程的有序和组织的定律。有机体的各个过程绝不只是单一结构上固定的诸过程的总和，而是具有受制于动态系统特征的过程，这赋予有机体对环境变化的适应能力和受扰乱后的调整能力。有机体即使在外界条件不变和没有外界刺激的情况下，也并非被动的系统，而是本质上主动的系统。必须把自主活动（例如，显现为有节律的自动功能）而不是反射和反应活动，视为基本的生命现象。

对于活力论，贝塔朗菲认为它从表面上看是由于机械论未能解释生命的主要特征而出现的另一极端思想，但它本质上仍把活机体看作各个部分的总和，看作机器式的结构的总和，设想它们由灵魂似的工程师控制并补充其给养，从而抛弃了对生命现象的科学解释。这里，贝塔朗菲尖锐地点出了机械论与活力论之间两极相通之处。

从生物学思想史看，绝大多数生物学家要么持机械论观点，要么持活力论观点。这种“二者择一”的态度，就是第一章第一节标题点出的“传统的抉择”。在贝塔朗菲看来，机械论和活力论对生命的看法都有片面性和谬误性。因此，他概括了20世纪上半叶生物学的实验成果和理论成果，提出了超越机械论生命观和活力论生命观的第三种生命观——机体论生命观。基于这种对传统抉择的超越，他表明，机体论概念并不是机械论观点和活力论观点之间的妥协、调和或中间道路，而是一种新的生物学世界观，对于探索生命世界奥秘具有重要的认识论和方法论意义。

贝塔朗菲特别强调机体论概念对现代生物学研究具有认识论和方法论意义，与他早年形成的哲学素养相关。他在维也纳大学学习期间，经常参加该校自然科学研究院主任教授、逻辑实证主义维也纳学派创始人石里克主持的科学家和哲学家定期学术聚会。与会者喜欢用当时兴起的逻辑实证主义精神讨论科学方法论。然而，贝塔朗菲并不认同逻辑实证主义推崇经验的意义、排斥抽象理论思维价值的观点。他喜欢引用德国哲学家康德（Immanuel Kant，1724—1804）的格言：没有经验的理论纯粹只是智力游戏，而没有理论的经验则是盲目的。他始终坚持认为，科学上的伟大成就一直是受到理论指导的观察产物。这种与爱因斯坦（A. Einstein，1879—1955）关于“是理论决定我们能够观察到的东西”的论断相一致的现代科学认识论观点，体现在《生命问题》第一章第二节“机体论概念”结尾部分的论述中，即实验室里的研究人员忙于研究特殊的问题和做具体的实验，对“一般的思考”抱怀疑和反感的态度。但是，基本的看法（fundamental attitudes）决定了研究者能够洞察到什么问题，决定了他如何构思问题，如何拟定他的实验步骤，如何选择研究方法，最后决定了他对研究的现象提出什么样的解释和理论。机体论概念是一种试图指明应当提出什么问题以及如何解决这些问题的“作业看法”（working attitude）或“作业假说”（working hypothesis）。正是这种作业看法，使得人们有可能观察和处理生命现象的基本问题，并对这些问题作出解释。而用以前的机械论或活力论概念，根本观察不到生命现象的基本问题。即使观察到了，也会把这些问题看作不能加以科学研究的神秘事物。因此，机体论概念是生物学从非精密科学转变为精密科学的前提。

如果我们从现代西方科学哲学历史主义学派的视野看，机体论概念实际上就是现代生物学研究的新“范式”。这种科学哲学语境中的“范式”，含有科学发展的一定时期科学共同体成员共有的基本信念和价值标准，即他们共有的自然观、世界观、价值观，是科学研究的理论框架和方法规范，是引导科学活动的研究纲领、研究战略。科学史上哥白尼（N. Copernicus，1473—1543）的日心说推翻了长期在天文学中占统治地位的托勒密（C. Ptolemaeus，约 90—168）的地心说，就是一种新范式替代旧范式的科学革命。范式的转变，是科学图景的转变，是科学家世界观的转变。正如贝塔朗菲在他晚年论文和演讲中指出的，“系统”的观点，用科学哲学历史主义学派代表人物托马斯·塞缪尔·库恩（Thomas Samuel Kuhn，1922—1996）在其名著《科学革命的结构》中所表达的方式来讲，“构成了一个新的范式”，机械论的范式将被机体论或系统论的范式代替。由此，我们可以理解《生命问题》第一章结尾那句意味深长的话：“我们时代面临的任务，是要完成生物学中的‘哥白尼革命’。”《生命问题》就是发起现代理论生物学领域“哥白尼革命”的宣言和纲领。

《生命问题》英文本出版的第二年，分子生物学以 DNA 双螺旋结构模型的发现为标志，进入了蓬勃发展的阶段，相继揭示了 DNA 自我复制及其遗传信息通过转录、转译指导蛋白质合成的精细复杂的动态机制，破译了全部三联体遗传密码，发现了调节基因、操纵基因、启动基因、结构基因等，建立了基因调节控制蛋白质合成的精细模型。作为精密科学的分子生物学的这场革命，一开始就以生化学派、结构学派、信息学派三方面研究相互融合、集成创新为基础，以分析与综合、还原与整合的方法并行运用为前提，多维度、整体化地探索生物分子微系统诸要素动态有序、相互耦合、高度自组织化的运行机制，从微观分子层次与组织、器官、机体层次之间的多变量、非线性的系统关联上，探究遗传特征传递、胚胎分化发育、神经肌肉生理机能、植物光合作用、癌症发生、免疫机能等机理。因此，分子生物学的革命性进步，不能片面地看作是机械论、还原论的胜利，而是恰恰证实了贝塔朗菲提出的机体论即有机体系统论概念是生物学“转变为精密科学阶段的前提”这一思想的正确性。

1968年，贝塔朗菲的专著《一般系统论》出版，进一步扩大了他所倡导的以机体论为新范式的生物学领域“哥白尼革命”在国际科学界的影响。这一年，国际系统理论与生物学会议提出了“系统生物学”的新概念，表明这门新学科旨在用系统方法研究生物学，实现从基因分子到细胞、到组织、到个体的各个层次的整合。之后，国际分子系统生物学会议称贝塔朗菲是第一个理论层面的系统生物学家。1990年，被誉为生命科学领域“阿波罗登月计划”的人类基因组计划正式启动。具有系统研究性质的基因组学、蛋白质组学等大型科学的发展，孕育了系统生物学研究的高通量生物技术，而系统生物学的诞生，则进一步提升了后基因组时代的生命科学研究能力。这是现代生物学所呈现的精密化与系统化同时并进的新趋势。人类基因组计划发起人之一，美国系统生物学家莱罗伊·胡德（Leroy E. Hood，1938—　）指出：“系统生物学将是21世纪医学和生物学的核心驱动力。”从20世纪90年代末至21世纪初，以系统理论为指导、以计算机数学模型与实验技术为研究手段的系统医学、系统遗传学、系统生理学、系统生态学竞相兴起、蓬勃发展。这一切都表明，贝塔朗菲所提出的实现现代生物学领域“哥白尼革命”的时代已经到来。

三、评价现代生物学思想：机体论科学内涵的具体展开

贝塔朗菲在《生命问题》第一章中展现的是机体论的总概念、总纲领，接着在第二章“组织的层次”、第三章“生命过程的整体概念”中，用机体论概念考察和概括了细胞学、组织学、胚胎学、遗传学、进化论、神经生理学研究的新进展，评析了这些学科传统理论中的机械论和活力论观点，具体展开了对机体论概念之科学内涵的论述。

在细胞学领域，从形态学方面说，传统的细胞理论把多细胞有机体看成是诸细胞的聚集体；从胚胎学方面说，它把多细胞有机体的发育解析为胚胎中诸个体细胞的活动；从生理学方面说，它把细胞看作功能的基本单位。但是新近的研究表明，比较高等的有机体不能简单地称为细胞群体，因为还存在非细胞形态的肌肉纤维、神经纤维、缔结组织纤维、细胞间质、体液等。多细胞有机体的发育不是诸细胞活动的总和，而是胚胎作为一个整体的活动，其表现为调整、确定和形态发生活动。从生理学上看，是有机体的整体决定细胞的活动，而不是细胞的活动决定有机体的整体；功能的分化不是由细胞决定的，而是由器官决定的。

在组织学领域，细胞间质也是更高层次组织结构的必要组分，细胞间结构是有机体整合的重要基础。新的研究成果表明，应当修正细胞病理学，疾病产生（包括恶性肿瘤的渗透生长）的原因不能被完全归结为个别细胞的紊乱，它在很大程度上是由细胞间系统的紊乱引起的。在高等动物有机体各组织器官之间的协合过程中，体液、激素和神经系统起着重要的整合作用。

在胚胎学领域，长期存在“预成论”与“渐成论”的争论。随着实验研究发现海胆、蝾螈完整的有机体可以由半个分化的胚胎发育而成，人们终于明白：发育并不取决于预成的原基的分配，而是胚胎的各个部分向某种发育结局逐渐确定，这一过程受整体的制约，发育在原则上是渐成的。这种可以从不同的初始条件出发达到相同的最终结果的“等终局性”，表明发育不是各个原基机械的独立配置活动，而是受整体动态调节的。胚胎从很少分化的卵发育成高度组织化的多细胞结构，这种有序的增长是以有机体作为不断吸取和耗散物质与能量的动态开放系统为条件的。这与作为封闭系统的物理事件趋向有序性衰减的状态是完全不同的。因此，胚胎的整体活动不能用已知的无生命界的原理和规律来解释，而应当用独特的生物界的原理和规律来解释。

在遗传学领域，新近的研究表明，看待基因与性状的关系，必须从静态概念进到动态概念。因为遗传不是一种机械装置，即基因并非机器式地与其所产生的可见性状相联系，而是一种过程的流动。这表现为性状多源性，即所有遗传性状终究是多基因协同作用的结果，也表现为基因多效性，即单个基因不仅影响单个性状，而且或多或少地影响着整个有机体。从机体论观点看，整个有机体是由整个基因组产生的。因为事实证明，完整基因组的存在是有机体正常发育所必需的。由此可认识到，基因组不是独立的和自我活动的原基的总和或镶嵌，而是一个产生有机体的整体系统。

在进化论领域，占主导地位的传统观点认为，生物物种进化是随机突变、充满偶然性的自然选择环境、地理隔离的偶然作用这三个主要因素共同导致的结果。然而，形态学家和古生物学家越来越多地面对生物机体组织令人惊异的巧妙构造、结构与功能的完美对应性，这使他们难以相信这是偶然性的产物。实验遗传学研究表明，单个的偶然的突变不能引起器官的逐步发展或改进，而只会损坏它。缺少某一部分便会使整个系统变得无用，甚至会产生有害的肿瘤。贝塔朗菲依据生物学事实论证：突变的多样性，并不一定意味着这些突变完全是偶然的。突变首先受现存基因的性质和基因变异的可能性的限制。例如，绿色的蝴蝶是非常罕见的，尽管绿色对于蝴蝶是极好的保护色。再如，现存的和灭绝的生物界并不表现为连续体，而表现为非连续体。物种的非连续性可能基于这样的事实，即不仅个别基因，而且基因组都存在着某几种稳定状态。这表明，突变并非有无限的自由度。还有，从无脊椎动物到脊椎动物，形成复杂眼睛的进化趋势，只采纳经历扁平眼、窝状眼和晶状体眼这几个演替阶段的进化路线，而不采纳其他进化路线。在种类众多的动物界中，只存在少数几种呼吸色素。这表明，进化过程中有机体经历的变化，不是完全侥幸的和偶然的，而是受组织化的普遍规律限制的。

贝塔朗菲指出，机械论把生命看作无目的的和偶然的东西，似乎只有这种无目的性和偶然性才是真正的科学理论的基础，从而把进化看作是一系列偶然事件，是混乱的随机突变与自然选择碰运气的结果。活力论唯一的抉择就是假定生命活动中存在着科学上无法把握的和神秘的因素，从而把进化看作是力求完善化、趋向目的性的神秘因素的活动。贝塔朗菲认为，从科学的观点来看，生物进化并非随机变化的积累的结果，而是受规律支配的，这并不意味着有神秘的控制因素，以拟人的方式朝着逐渐适应、合理或完善的方向努力。相反地，存在着我们目前在某种程度上知道的，并且有希望在将来知道的更多的规律。发现这些更多的未知规律，是未来进化论研究的一项最重要的任务。

在神经生理学领域，19 世纪神经病理学家创立的传统神经中枢和反射理论，把神经系统看作可分解为具有确定功能的装置的总和，也试图将类似的动物行为分解为在这些结构中发生的可分离的过程。然而，进入20世纪的神经医学临床经验和实验研究，对这种机械论观念发起了挑战，进而表明：作为感受器的感觉器官、神经中枢和作为效应器的器官之间的反射通路是可以改变和调整的；神经和中枢并非不可改变地以机器似的方式固定为一种功能，不能简单地把神经系统看作许多固定的反射装置的总和，把中枢神经系统看作许多孤立的个别机制的总和。传统的反射理论把反射弧即对外界刺激的反应，看作是行为的基本要素。而新近的研究表明，有机体的器官如心脏、神经中枢（如呼吸中枢）具有相当自主的功能。反应机制（反射弧）都是在原初的节律运动机制的基础上发展起来的。反射不是行为的基本要素，而是使有机体原本的自动性适应于变化的周围环境的手段。20世纪初期，英国著名神经生理学家谢灵顿（Charles Scott Sherrington，1857—1952）发表著作《神经系统的整合作用》，强调研究生物整体反应的必要性，主张从物理-化学、心理、身心关系三个层面整合研究行为问题，反对机械论、还原论。这与贝塔朗菲的思想是吻合的，显示出神经生理学趋向整合的时代精神。

四、“生命是什么”问题的新探索：对现代生物学思想的原创性贡献

以上第二章、第三章通过对20世纪上半叶生物学的新近研究成果的总结，分析批判了生物学主要领域中的机械论和活力论思想，详细论述了机体论的三个主要概念，即整体的系统概念、动态概念、有机体原本是活动的概念。在此基础上，第四章“生

命的规律”探讨了“生命是什么”的问题，提出了具有原创性的机体论生命观。第五章“生命和知识”，在当时以薛定谔（Erwin Schrödinger，1887—1961）为代表的一批物理学家进入生物学前沿探索、引起生物学变革的背景下，从科学认识论层面回答了如何看待生物学与物理学关系的时代之问，从而更完整地表述了机体论富有新意的科学内涵。

生命是什么？这是一个古老的话题，也是一个随着时代变迁和科学发展常说常新的话题。贝塔朗菲从《生命问题》第一章起就描述了从笛卡儿（R. Descartes，1596—1650）时代以来形形色色的机械论与活力论对这个问题的看法。19世纪中期，恩格斯（F. Engels，1820—1895）根据当时科学认识的水平，采用当时一般把构成生命体的基本物质称为“蛋白体”的概念，在《反杜林论》“自然哲学”部分对“生命”概念作了这样的定义：“生命是蛋白体的存在方式，这种存在方式本质上就在于这些蛋白体的化学组成部分的不断的自我更新。”[①] 这里，他修改了自己在《自然辩证法》手稿中的生命定义：“这个存在方式的本质要素就在于和它周围的外部自然界的不断的新陈代谢。”[②] 恩格斯觉察到，在无生命界，诸如在一些化学反应过程中，也可以发生新陈代谢；如果规定生命就是有机体的新陈代谢，就等于规定生命就是生命；因为有机体的新陈代谢需要用生物和非生物的区别来解释。恩格斯对生命的定义不用“新陈代谢”而用“自我更新”这一术语，与贝塔朗菲机体论主张“有机体原本是主动的系统”的观点是一致的。

---

① 恩格斯．反杜林论 [M]// 马克思，恩格斯．马克思恩格斯选集（第三卷）．中共中央马克思恩格斯列宁斯大林著作编译局，编．北京：人民出版社，1972：120.

② 恩格斯．自然辩证法 [M]．中共中央马克思恩格斯列宁斯大林著作编译局，编译．北京：人民出版社，2018：291.

当时恩格斯指出："我们的关于生命的定义当然是很不充分的，因为它远没有包括一切生命现象，而只是限于最一般的和最简单的生命现象"，"要想真正详尽地知道什么是生命，我们就必须探究生命的一切表现形式，从最低级的直到最高级的"。[①]

20世纪上半叶，生物学从微观的单细胞生物到宏观的生物群落各层级的研究，对最低级的到最高级的生命表现形式的认识有了很大的发展。站在新世纪的科学地平线上，贝塔朗菲看到，概括生命区别于非生命的最基本特征，不能偏重于有机体最低层次的细胞的基本物质组分如核酸、细胞质等，因为这些基本组分如果离开了有机体系统就不是活的，而应注重概括活机体特有的存在状态和存在方式，注重概括生命的特殊规律。在第四章"生命的规律"第一节"生命之流"中，他首先指出，活机体只是在表观上持续存在和稳定不变，实际上它是一种新陈代谢过程中物质和能量不断流动的表现，活机体的组分从某一瞬间到另一瞬间是不同的。活的形态不是存在，而是发生。其次，他指出，活机体是通过不断与外界环境进行物质和能量交换以保持稳态的开放系统，在这开放系统中呈现出复杂程度和有序程度增加的趋势，如个体发育和生物进化，而在非生命的热力学封闭物理系统中则呈现复杂性和有序性衰减的趋势。将"开放系统"表征为生命的基本特性之一，是贝塔朗菲最早在1929年提出，并在《生命问题》出版前曾多次发表的原创性思想。著名物理学家薛定谔于1943年发表《生命是什么？》的演讲，虽然原创性地提出了有机体以"负熵"为生的概念，但没有提出有机体是"开放系统"的概念。最后，贝塔朗菲原创性地提出，生命有机体区别于非生命物的另

① 恩格斯. 反杜林论[M]// 马克思，恩格斯. 马克思恩格斯选集（第三卷）. 中共中央马克思恩格斯列宁斯大林著作编译局，编. 北京：人民出版社，1972：122.

一个重要特征是具有组织形态和生理过程的等级秩序（参见第二章“组织的层次”）。根据以上三点，他在第四章第二节“有机体的定义”中提出一个尝试性的定义：“活机体是一个开放系统的等级秩序，它依靠该系统的条件在诸组分的交换过程中保持其自身的存在。”不过，他接着认为，这个定义还应补充生命的另一个重要特征——历史特征，即生物个体发育过程中重现其祖先的主要演化和发展阶段（参见第三章第六节“生命的历史特征”），这是非生命界所没有的特征。

贝塔朗菲提示，一个严格的定义要求有：（1）它不得包括被定义对象的特征；（2）它考虑到与其他现象的明确区别；（3）它能够为演绎出特殊现象及其规律的理论提供基础。一个好的定义陈述必须具备逻辑上的必要条件和充分条件。贝塔朗菲关于活机体的定义符合这些逻辑要求。

一个好的生命定义能对生命问题研究起到引导作用。贝塔朗菲表示，等级秩序和开放系统的特征，是生命本质的基本要素，理论生物学的进步将主要依赖于有关这两个基本要素的理论的发展。沿着这个思路，在接着的第三节中，贝塔朗菲表明，把有机体看作动态的开放系统，可以导致“动态形态学”的建立，将新陈代谢、生长、形态发生这几个领域整合起来，形成一种精密的有机体生长理论，给出定量的生长定律（诸如异速生长定律、及时生长定律、周期生长定律等），从而勾勒出精密生物学的发展前景。

贝塔朗菲对生命有机体的定义注重于生命特有的存在状态、存在方式，注重于生命的规律，而不是注重于生命的“基本物质”。《生命问题》第六章“结语”中写道：不能指望生物学家解答生命就其“内在本体”而言可能是什么的问题，即使生物学家具有先进的科学知识，他也只能更好地陈述那些表征着并适用于我们所面对的活机体现象的规律。20世纪下半叶分子生物学的发展，探幽入微，精细地认识了生命的“基本物质”核酸、蛋白质大分子和构成它们的核苷酸、氨基酸小分子结构。但不能因此说生命的“内在本体”就是这些或大或小的生物分子。如果仅仅从“生命物质”方面探求生命的“终极实在”，很可能走向把生物分子层层解析为原子、基本粒子，把生命活动还原为微观物理运动的歧途。

20世纪下半叶，空间科技取得惊人的进步，探寻地球外生命成为现代科学的前沿领域。这就给科学界带来一个前所未有的新问题：地球外生命也许不一定像地球上的生命那样都由核酸、蛋白质等“基本物质”构成，而我们的生命定义局限于以地球为中心的生命领域。于是，有些科学家提出，一个好的生命定义应具备有助于探索地球外生命的价值。这就要求，下定义的思路应注重于能明显辨认的、典型的、总体的功能，而非其物质构成。显然，贝塔朗菲的生命定义对于当代探测地球外生命的活动有适用的价值。

值得注意的是，《生命问题》的研究视野还包括第二章第六节“超个体组织的世界”中生物群落的整合、生长、平衡问题。作为这个视野的延伸，20世纪后期有些科学家提出，给生命下定义的单位不能局限于有机体或它的基本单位细胞，而应以生物圈为单位。他们由此提出一个尝试性的定义：“生命基本上是生物圈的活动，生物圈是通过复杂的循环而表征为一个高度有序的物质和能量的系统，这个系统通过与它的环境的能量交换，维持或逐渐地增加它的有序性。”①

---

① J. 费伯格，R. 夏皮罗．一个有争议的定义：“生命”[J]．吴晓江，译．科学与哲学（研究资料），1981，第6、7期合刊：233—239．原载美国《科学文摘》1980年8月号。

与“生命是什么”相关的另一方面问题是：如果承认生命不是超物质、超自然的现象，那么物理学定律是否可以应用于生命领域？如果不是这样的话，生命领域是否有特殊的规律？这种超物理的特殊规律是否有神秘主义的因素？第五章“生命和知识”重点探讨了这些问题。

20 世纪 30 年代，科学界出现了一股新的潮流，这就是一批著名物理学家转向对生物学问题的研究，用微观物理学的概念探索生命的奥秘。当时在丹麦哥本哈根，聚集了一大批来自欧美各国的知名科学家，其中有量子力学创始人玻尔（Niels H. D. Bohr，1885—1962）、薛定谔，有德国原子物理学家德尔布吕克（Max Delbrück，1906—1981）、遗传学家摩尔根（Thomas H. Morgan，1866—1945）的主要助手穆勒（Hermann J. Muller，1890—1967）。他们多次举行学术会议，讨论物理学与生物学关联的前沿问题。玻尔认为，不能把有机体生命活动简单地还原为化学运动，也不可能存在与物理学定律和化学定律不相容的特殊的生物学定律。他主张用互补性理论构架使物理学定律和化学定律与生物学定律调和起来。德尔布吕克分析了非生命系统与生命系统的差别，认为基因不是传统的物理学和化学所设想的分子。他和玻尔、穆勒提出用刚问世不久的量子力学来解释基因突变的原因。薛定谔在《生命是什么？》的演讲中进一步设想，基因是一种不同于无生命晶体的“非周期性晶体”，在它的原子或原子群的排列中蕴含着一种微型遗传信息密码。他依据放射线诱发基因突变的研究，用量子跃迁的概念解释基因突变。在这个以“活细胞的物理学观”为副标题的演讲中，薛定谔提出了“生命是以物理学定律为基础的吗？”这一问题。他的回答是：“我们不必因为物理学的普通定律难以解释生命而感到沮丧”，“我们必须准备去发现在生命物质中占支配地位的新的物理学定律”，而物理学的新原理“只不过是量子论原理的再次重复”。[①]

正是在这种时代背景下，贝塔朗菲在《生命问题》第五章第二节，以“生物学定律和物理学定律”为题，探讨了这两个学科定律相互关系的三个问题。

第一，生物学是否只是物理学和化学中已知定律的应用领域？贝塔朗菲的回答是，生物学要确立生命界所有层次的系统定律或组织定律，它们在以下两方面超出了无生命界的定律：有机界存在着比无机界更高层次的有序和组织层次，就生物大分子有机物质的构型而言，远远超出无机化合物的结构定律；生命过程如此复杂，以至于我们应用与作为一个整体的有机系统有关的定律时，不能考虑个别的物理-化学反应，而必须使用某个生物学秩序的单位和参数。因此，生物学定律不只是物理学和化学定律的应用，相反地，我们在生物学中拥有一个特殊定律的领域。这并不意味着活力论意义上的二元论进入生命领域，而是表明生物学定律是一种比物理学定律更高层次的定律。我们可以看到，从 1953 年起蓬勃发展的分子生物学，发现了 DNA 自我复制及其遗传密码通过转录、转译步骤精确有序控制蛋白质合成的规律（即分子生物学“中心法则”），这表明在生命微观水平新发现的这种自组织规律，是生命界特有的规律，其高级程度远超出非生命的物理世界的规律。

第二，生物学定律能否最终还原为物理学定律并从物理学定律中推导出来？贝塔朗菲的回答是，从科学的逻辑观点看，以前分离的领域走向综合是科学发展的总趋势，物理学定律和生物学定律两大领域的融合最终是会实现的，但这种融合不是通过物理

① 薛定谔．生命是什么？[M]．傅季重，赵寿元，胡寄南，等译．上海：上海人民出版社，1973：88.

学定律单纯外推而实现的。首先是生物学新开拓领域的自主发展，形成生物学的新概念、新定律，导致物理学概念和定律的新扩展，从而实现两个领域的融合。比如生命领域开放系统定律，突破了传统热力学封闭系统定律的局限性，开辟了物理学的新领域，也拓宽了生物学理论的边界，使两者的融合成为可能。事实上，比利时物理化学家普里戈津（Ilya Prigogine，1917—2003）研究开放系统耗散结构，于20世纪60年代末建立非平衡系统的自组织理论，德国生物物理化学家艾根（Manfred Eigen，1927—2019）在20世纪70年代初建立超循环自组织理论，相继实现了物理学与生物学的融合，深刻揭示了生物自组织的起源和进化的机理。这些都是贝塔朗菲以上科学预见得以证实的范例。

第三，生物学定律是否具有像物理学定律一样的逻辑结构？贝塔朗菲的回答是，逻辑和数学是科学知识系统的最高理性化形式，未来生物定律系统无论采取什么形式，都将具备逻辑演绎的特征，具备数学的特征，从而也将具备像物理学一样的形式特征。贝塔朗菲自1949年起就开始研究用数学方程表述生长理论、有机体的等级秩序、生物发育的等终局性，在1968年出版的著作《一般系统论》中就用大量篇幅展示了这方面的研究成果。

长期以来，物理学被人们视为精密科学的典范，尤其是以牛顿力学为楷模的物理学定律被看成是具有完全确定性、必然性的定律。贝塔朗菲在第五章第二节中提到：德国哲学家康德梦想生物学领域中未来的牛顿，也许能用一个公式，通过遗传和发育分析的方法，将各种蝴蝶双翼的图案从一个基本模型中推导出来。贝塔朗菲认为，生物界充满了无数极为复杂的细微变异的不确定性，无法用一个像牛顿经典力学那样确定性的公式“精确”推导出生物界无数不确定变异所造成的形态极为多样化的现象。

贝塔朗菲接着在以“微观物理学和生物学”为题的第三节中指出，从19世纪后期到20世纪前期出现的微观物理学，都是研究微观层面大量不确定的、偶然的现象背后所存在的某种新定律，因而其得出的定律是统计性的。比如，统计物理学用统计方法研究大量微观粒子所组成的系统，得出的宏观量是相应的微观量的统计平均值。又如，在原子物理领域，个别原子核发生放射性衰变的时间是不确定的，但是大量原子的聚集体的半衰期是可以通过统计方法得出的。在量子物理学领域，科学家玻色（Satyendra N. Bose，1894—1974）、爱因斯坦、费米（Enrico Fermi，1901—1954）、狄拉克（Paul A. M. Dirac，1902—1984）各自发现了微观粒子所服从的统计法则。贝塔朗菲列举的生物学领域放射遗传学、微生物学、生理学研究的不少现象都服从统计定律。物理学定律与生物学定律，从统计性质看是相容的。由此，贝塔朗菲在第五节展示了现代科学作为“统计的等级体系”的面貌，指出“所有自然定律都是统计性定律”，并对此作了论证。这就提示人们需注意：要在生物学领域建立起“精确的、定量的定律”，其中应该包含偶然性与必然性相统一的统计定律。

五、走向科学的统一：从机体论发展到一般系统论

贝塔朗菲在长期从事生物学研究和教学的生涯中，也涉及了与生物学密切相关的医学、心理学、行为科学领域的工作，尤其在20世纪上半叶物理学发生重大变革，物理学的理念、方法和手段大量渗入生物学领域的背景下，他钻研了现代物理学新知识。

同时，也广泛涉猎了哲学社会科学领域新的思想成果。

他考察了量子力学领域的不确定性原理、量子跃迁理论、波粒二象性理论，考察了核物理学领域的质量与能量转化理论，考察了热力学领域的非平衡态开放系统理论，考察了心理学领域的格式塔理论，考察了哲学领域的有机体哲学、过程哲学，考察了具有明显整体系统特征的统计学思想方法对现代科学的普遍影响，发现各学科领域普遍出现了类似于生物学领域的机体论的整体原理、组织原理和动态原理。因此，现代科学各个学科的基本原理具有逻辑上的相应性或同形性。这些跨学科的普遍相应性或同形性构成了一般系统论的基础。一般系统论为科学的统一或科学的整体化提供了新理念和新方法。

这就是《生命问题》最后一章“科学的统一”所叙说的何以在生物学机体论概念的基础上构建起一般系统论的思想脉络。在这一章中，贝塔朗菲充分论证了“机体论概念在从生物学的特殊问题到人类知识的一般问题的许多领域中被证明是富有成果的”，“机体论概念的最终概括是一般系统论的创立”。

《生命问题》最后浮现出的以一般系统论促进科学统一的远景，在贝塔朗菲于 1968 年出版的著作《一般系统论》中变得更加清晰。这本著作表明，一般系统论的主要目的是塑造新的系统世界观，促进自然科学与社会科学的各门学科的综合，为在非物理的科学领域建立精密理论提供重要手段，助力我们接近科学统一的目标，倡导跨学科综合教育以造就科学通才。

贝塔朗菲撰写本书时，第二次世界大战的硝烟刚散去，原子弹蘑菇云的阴影仍笼罩着人们的心灵，同时西方工业化浪潮开始向全球扩展。在这种时代背景下，贝塔朗菲在本书结语中以充满人文主义精神的机体论哲学思想，深刻警示了机械论世界观导向技术统治现代世界、生命技术化、人类机械化的恶果，甚至导向毁灭人类的危机。20世纪60年代后期出版的贝塔朗菲著作《机器人、人和心智》《一般系统论》，以及由拉威奥莱特（Paul A. Laviolette）选编的贝塔朗菲文集《人的系统观》，进一步发挥了《生命问题》中的机体论的人文主义观点，一方面批判了物理主义和技术主义，另一方面批判了生物主义。他尖锐地指出了那种把物质粒子的运动视为世界终极本质、用技术统治世界的机械论世界观给现代人类带来的灾难。他以机体论世界观呼唤生命的尊严感。他提倡"关心人类的一般系统论"，告诫人们警惕那种"只涉及数学、反馈、技术的机械系统论"贬低人文价值，把社会生活引向工程化、机器化的歧途。他反对滥用控制论解释人类问题，滥用机器人模型说明人的行为与形象。他同时反对将人类社会与生物群体进行机械类比的生物主义。他指出，人不仅具有生物学价值，更主要的是具有文化价值，因而他反对将人的价值还原为生物学价值。他还特别强调要防止将系统论误用为贬低个体价值、推崇极权主义的理论基础。

正如《生命问题》序言所说，一般系统论是一门综合性学科，也是现代世界观的一般原理，能够连接起自然科学与社会科学的关系，贝塔朗菲晚年积极倡导人文主义系统观，超越狭隘的科学主义系统观。他相信，世界的整体命运，包括人类的整体命运、人类与自然的整体命运，取决于接受一种新的人文主义价值观。这种价值观建立在一般系统论的基础之上，植根于"世界作为有机体结构而存在"的基本理念之中。在贝塔朗菲看来，人类的生存，是一般系统论所要关注的最高目的，唤起人类的"全球系统"意识是事关人类生死存亡的关键之举。他指出，当今时代，"我们不再是面对孤立的人群，而是面对一个相互依赖的地球共同体"。面临现今人类生存所遇到的全球性危机，他呼吁，我们需要"一个各种社会能彼此共生的地球系统”。[①]

1972 年贝塔朗菲因病突然逝世，失去了有可能成为诺贝尔奖得主的机会。然而，他的《生命问题》和多部系统论学术著作，在现代世界科学思想史上建立了不朽的丰碑，其精神价值超越了有形的奖牌，是值得后人永久珍视的。

2023 年 12 月

① 马克·戴维森. 隐匿中的奇才：路德维希·冯·贝塔朗菲传[M]. 陈蓉霞，译. 上海：东方出版中心，1999：22—28.

序　言

· Foreword ·

19 世纪的世界观是物理学的世界观，但在今天，所有的学科都牵涉到“整体性”“组织”或“格式塔”这些概念所表征的问题，而这些概念在生物学领域中都有它们的根基。从这个意义上说，生物学对现代世界观的形成作出了根本性的贡献。

20 世纪初的阿茨格斯多夫。1901 年，贝塔朗菲出生于
维也纳附近阿茨格斯多夫（现在的利辛河）的一个小村庄

完全可以说，生物学世界观是随着生物学在科学等级体系中占据中心地位而诞生的。生物学以物理学和化学为基础，物理学定律和化学定律是研究和解释生命现象不可或缺的基本原理。生物学包罗大量的特殊问题，诸如有机体形态、目的性、系统发育的进化，这些问题不同于物理学中的问题，从而使生物学家的研究工作和概念体系有别于物理学家的研究工作和概念体系。最后，生物学为心理学和社会学提供了基础，因为研究精神活动是以了解其生理基础为前提的。同样，有关人类关系的理论也不能忽略其生物学的基础和定律。由于生物学在科学中的这种中心地位，它可能含有最为多种多样的问题。这里，“生命”现象成为人们通常区分的精密科学概念和社会科学概念的交汇点。

但对现代智性生命（intellectual life）来说，生物学还具有更为深刻的含义。19 世纪的世界观是物理学的世界观。正像当时人们理解的那样，物理学理论似乎表明了，受力学定律支配的原子活动，便是构成物质、生命和精神世界基础的终极实在，同时它也为非物理学领域——生命有机体、精神和人类社会提供了概念模型。但在今天，所有的学科都牵涉到“整体性”“组织”或“格式塔”这些概念所表征的问题，而这些概念在生物学领域中都有它们的根基。

从这个意义上说，生物学对现代世界观的形成作出了根本性的贡献。确实，以前当生物学采用其他学科的基本概念时，把事情看得太简单了。它从物理学借来了机械论观点，从心理学借来了活力论观点，从社会学借来了选择概念。但是，生物学的使命——既包括对本领域特殊现象的理解和把握，也包括对我们基本的世界观的贡献——只能由其自主的发展来完成。这就是过去数十年来在生物学中为建立新概念所作努力的意义。

本作者倡导机体论概念（organismic conception）这一生物学

观点已有二十多年。机体论概念已应用于许多生物学问题，这些问题存在于作者本人及其学生、同事的工作中，也存在于其他许多参与这个运动的科学家的工作中。这一概念对邻近学科也产生了很大影响。例如，在“开放系统”的理论中，它为物理学和物理化学展示了新的洞见；它导致了生物学各个领域中新概念的产生，并且提出了建立有机体系统精确而特殊定律的要求，而这些定律实际上已在若干领域中作了规范的表述；它还被运用于应用生物学，甚至被应用于诸如医学和林学那样非常不同的领域；最后，它导致了一些基本哲学概念的产生。

所以，本书是作者在自己的理论与实践工作基础上写成的；同时，它对分散在各种研究工作和书刊中而难以完整把握的成果，作了一番概括。

我们将看到，生物学是一门自主的学科，就是说，需要形成特定的概念和定律来解决这门学科的问题；而且，生物学的知识和概念在不同的领域中起着积极作用。在这部著作中，我们在机体论概念框架内对基本的生物学问题和定律作了一番概括。由此，我们着手研究生物学知识，最后得出现代世界观的一般原理——我们称之为“一般系统论”。

在一卷正在准备的著作中（本书正文有几处提到它）[①]，我们将首先详细讨论本书概述过的某些问题。生物学的基本问题是有机体形态问题；通过概述作者在“动态形态学”领域的研究工作，将表明这个生物学的基本问题是能够加以精确地研究和服从某些定律的。这个问题引出了“有机体作为一个物理系统”这一更具普遍性的问题，即如何用理论和定律来表述生命系统的特征，这

① 作者引用该书时通常称之为“the following volume”，中文统一译为“下一本著作”。——中译者注

也是物理学和物理化学发展的新篇章。于是，在已获得的生物学知识的基础上，我们能够建立这门学科与其他邻近领域——医学、心理学和哲学人类学的联系。这就导致了人类在自然界中的位置的问题，作为人类精神进化的基本特征的符号系统的问题，进化与文明、生物学与历史学、自然科学与社会科学之间关系的问题。同时，我们要扩展关于各门学科和各个现象领域之间类似性①的知识，为详细描述一般系统论这门综合性学科而扩宽基础。生物学、医学、心理学、人类学的观点以及系统论的观点，最终把我们引向身心问题和实在问题，以求克服笛卡儿的“身”“心”二元论。

本书所作的论述完全以具体的研究成果为基础。然而，材料的选择是由总的思路决定的，就此而言，相似于文学性文献。有兴趣的读者，可以在本作者的《理论生物学》（*Theoretische Biologie*）中看到有关现代生物学研究的概述。

本作者是在瑞士的美好时光里完成这部著作的。我要向出版商、董事先生和朗（Lang）博士表示衷心感谢。此外，我对自己有幸作为约尔（A. Jöhr）博士的宾客，在瑞士的艺术和文化氛围中所享有的友情铭记不忘。

① 参见第 102 页注释。——中译者注

General System Theory

Foundations, Development, Applications

Revised Edition

by Ludwig von Bertalanffy

GEORGE BRAZILLER
New York

《一般系统论》扉页，该书是贝塔朗菲的另一代表性著作

第一章

生命问题的基本概念

· *Basic Conceptions on the Problem of Life* ·

传统的抉择

机体论概念

生物学家保罗 · 卡默勒（**Paul Kammerer，1880—1926**），
贝塔朗菲的邻居、导师和人生楷模

被自然和艺术所吸引的年轻人相信，凭着自己热切的欲望，很快就可以进入自然和艺术之宫那最深的圣殿。然而，经过漫长行程的成年人明白，自己并没有到达圣殿的入口。

——歌德：《圣殿柱廊·引言》

因此，任务不在于更多地观察人们尚未见到的东西，而是去思索人人可见却无人深思过的东西。

——叔本华

1. 传统的抉择

在可与我们今天相比拟的一个发生惊人剧变的时期，有人提出了一个观点，认为科学将对人们的世界观产生深刻的影响。这个时期便是三十年战争[①]，提出这种观点的人就是法国哲学家勒内·笛卡儿。笛卡儿受早期物理科学所取得的成就的影响——当时物理科学处于开始发展的艰难奋斗中，并预示了它的成就在近代技术中得以实现的种种可能性——提出了动物是机器的学说。不仅无生命界服从物理学定律（这正是笛卡儿所认为的），而且所有的生命有机体也都遵从物理学定律。因此，笛卡儿把动物理解为机器，一种非常复杂的机器，当然这只不过大体上可与人造机器相比，它的活动受物理学定律支配。笛卡儿的思想确实并不完全一贯。他作为教会的忠实信徒，对物理学知识作了限制：不应把人仅仅看作一架机器，而应看到人具有不服从自然定律的自由意志。笛卡儿设置的这种限制为法国启蒙运动所冲破。1748 年，朱利安·德·拉美特利（Julien de la Mettrie，1709—1751）爵士提出人是机器的学说，以反对笛卡儿关于动物是机器的学说。

这些思想家为一个古老的哲学问题寻求答案。生命有机体，植物或动物，显然与非生命的东西诸如晶体、分子或行星系有很大区别。生命表现为无数种植物和动物的形态。这些形态展现出一种从单细胞到组织、器官，再到由无数细胞组成的多细胞有机体的独特的组织体系。生命过程同样也是独特的。所有生物都在组成它的物质和能量的连续交换中保持自身。它能以活动的方式，

① 1618—1648 年在欧洲以德意志为主要战场的国际性战争。——中译者注

尤其是以运动的方式对外界的影响即所谓刺激作出反应。事实上，在没有任何外界刺激的情况下它也经常显示出运动和其他活动，就此而言，我们可以在无生命与有生命的东西之间作出明显的、虽然不是决定性的对比：前者仅仅由于外力作用而发生运动，而后者能够表现出“自发”的运动。有机体经历逐步的转变，我们称之为生长、发育、衰老和死亡。它们只能通过所知的繁殖过程从其亲属中产生出来。一般说来，后代像双亲，这种现象我们称为遗传。可是，通观生物界，可以看到它们表现为在漫漫地质历史长河中奔涌不息的一系列形态。这些形态通过繁殖和进化而相互关联，它们在各个年代中发生的变化，使之从低级形态演化到高级形态的全盛期。有机体的结构和功能令人惊叹地适应它们的“目的”。甚至在最简单的细胞中发生的数量多得惊人的过程，也非常有序，以致在无休止的和极为复杂的活动中，该细胞能保持其同一性。同样，所有生物的器官和功能都显示出适应于它们赖以正常生存的环境的目的性构造。

如果生命有机体的特有性质是如此显而易见，且我们可以毫不迟疑地说出我们眼前的东西是有生命的还是无生命的，那么必然会发生这样的问题：生命界和非生命界之间是否真正存在一种内在的区别？我们人类自身就是生物，所以对这个问题的回答，必然在很大程度上确定了我们给人类指定的在自然界中的位置。

应用物理科学的定律和方法研究生命现象，无论在理论知识方面，还是在对自然界的实际控制方面，都接连取得了许多成就。笛卡儿创立了由医生和生理学家组成的学派，在科学史上以力学医学派（iatromechanics）闻名遐迩，该学派试图根据力学的原理，解释肌肉和骨骼的功能、血液的运动以及类似的现象。哈维（W. Harvey，1578—1657）发现血液循环（1628），标志着近代生理学的开始。后来声学和光学的应用，电学、热学、动能学和其他物理学科的应用，提供了丰富的知识源泉，有助于对越来越多的生物学现象作出解释。生物物理学又因生物化学的发展而得到增强。人们曾一度相信，有机化合物是生物所特有的，实际上也只能在生物体中发现它们，因而它们只能从生命过程中产生。可是，1828 年，维勒（F. Wöhler，1800—1882）在实验室内制造出尿素。这是第一个合成的有机化合物。从此，有机化学和生物化学便成为现代科学中最重要的领域。它们也成为化学工业——从染料化学到煤的氢化、人工橡胶的制造以及现代医学的治疗手段（其中包括维生素、激素和今天的化学疗法）——的基础。大体说来，本世纪初[①]出现了一门最年轻的学科，它是物理学与化学的连接环节，称为物理化学。这门学科中包括了诸如反应动力学、胶态理论和物理化学过程中的电现象理论。这对于理解许多生命过程，例如酶、维生素、激素、药物等的作用，以及神经和肌肉的功能等，都是必不可少的。

1859 年达尔文的《物种起源》发表后，进化论取得了胜利。著名分类学家林耐（C. Linné，1707—1778）曾经认为动物和植物物种是造物主单独创造的杰作。而现在，整个生物学领域所搜集的大量事实证明，有机界在漫长的世代和地质时期内，经历了从比较低级、简单的形态向比较高级、复杂的形态的上升演进。同时，达尔文用他的自然选择学说，为这种进化提供了解释。一个物种有时会出现微小、偶然的变异。这些变异可能是不利的，可能是中性的，也可能是有利的。如果变异是不利的，它们不久就会在生存竞争的自然选择中被淘汰。然而，如果变异恰好是有利的，就会使拥有这些变异的物种在生存竞争中获得优势，进而增

① 指 20 世纪初。——中译者注

加该物种保持并繁殖后代的可能性；这样，在世代延续的过程中，有利的变异被保持和积累起来。再经过漫长的年代，这个过程导致了向不同形态的生命有机体的进化以及生命有机体对其环境的逐渐适应。笛卡儿曾经把神圣的造物主说成是生命机器的工程师，但现在似乎可以根据偶然变异和选择来解释生命界目的性的起源，而无需任何其他目的因解释。

因此，笛卡儿提出的纲领，不仅是构成生物科学基础的发展起点，而且对人类生活产生了深远的影响。尽管笛卡儿的纲领取得了成功，但是并没有完全消除这样的疑问：也许生命的真正本质尚未得到触及和解释。就在拉美特利《人是机器》（*Homme Machine*）一书发表的一年以后，一本论战性小册子《人不是机器》（*Man Not a Machine*）在伦敦出版了。据说，该书的作者不是别人，正是拉美特利自己。这位爵士所表现的自我批判和思想解放的精神，在科学史上几乎是绝无仅有的。以后，这种对抗性的观点以许多不同的方式表达出来。其中最重要的一种表达方式，是由杜里舒（Hans Driesch，1867—1941）（于1893年以后）提出的。由于这种方式在逻辑上最为一致，因此它至今仍是最重要的一种。杜里舒是发育力学（developmental mechanics）的创始人之一。发育力学作为生物学的分支，主要对胚胎发育进行实验研究。一个经典的实验使他拒绝有关生命的物理–化学理论。

在浅绿色的海洋深处，海胆默默地生活着，远离世界和科学的问题。然而这些宁静的生物却引起了关于生命本质的长期不分胜负的、激烈的争论。海胆卵开始发育时，起初分裂为两个细胞，然后分裂为四个、八个、十六个细胞，最终分裂为许多细胞。经过一系列特定的发育阶段，它最后形成有点像尖状头盔的幼虫，科学上称为“长腕幼体”；由此经过复杂的形态变化，最后形成海胆。杜里舒将刚开始发育的海胆胚（sea-urchin germ）分离成两半。通常人们预料这半个胚只能发育成半个动物。但事实上，实验者看到了像歌德（J. W. von Goethe，1749—1832）的《魔术师的门徒》（*Sorcerer's Apprentice*）中幽灵似的行为："哎呀！哎呀！两爿木棍，变成仆人，急忙站起。"分离的每半个胚并没形成半个海胆幼体，而是形成了完整的海胆幼体，这幼体确实是小些，但它是正常的、完整的。其他许多动物也可能从分离的胚产生完整的有机体。甚至人类中偶然出现的同卵孪生儿，也是以相似的方式产生。可以说，这是自然界本身进行的杜里舒实验。相反的实验和其他的安排也是可能的。在某些条件下，两个联合的胚产生一个单一的大幼体；如果把胚胎压在玻璃板之间，大大改变细胞的排列，仍会产生正常的幼体。

像"魔术师的门徒"那样，杜里舒在他的实验中发现了某种神奇的东西，他由此断定胚胎发育不服从自然界的物理学定律。在杜里舒看来，如果胚中仅有物理力和化学力起作用，那么最终导致有机体形成的程序安排，只有假定是受某种固定结构即最广义的"机器"控制的，才能得以解释。但是，胚中不可能有这样一种机器。因为机器无论被分离时，还是它的某些部分发生错位时，或是两部完整的机器合并时，都不能完成同样的动作；胚胎发育如果出现这种情况，同样不可能产生正常的有机体。因此，杜里舒认为，对生命的物理-化学的解释在这里受到了限制，而这只可能有一种解释：在胚胎中，以及同样在其他生命现象中，有一种根本不同于所有物理-化学力的因素在起作用，它按照预期的目的指导生命活动。这种"具有自身内在目的"——即从正常发育中，以及从实验上加以扰乱的发育中产生出典型的有机体——的因素，杜里舒引用亚里士多德（Aristotle，公元前 384—前 322）

的概念，称之为隐德来希（entelechy）[①]。我们考察这些有目的的活动因素，发现它们很像我们自己的意向性行为。正是这些最终可与我们目的性行为中的精神因素相比较的因素，造成了生命与非生命之间的关键性差别，并产生了比生命的力学性质和物理性质更复杂的属性。

这样，我们发现了两种基本的和对立的生物学概念，这两种概念的起源可以追溯到希腊哲学的黎明时期。通常人们称之为机械论（mechanism）和活力论（vitalism）。

人们已在许多不同的意义上表达“机械论”（mechanistic theory）这个术语。事实上，这在很大程度上妨碍和混淆了这个术语的正确使用。我们已提及这个术语有两种最重要的含义。第一种含义是机械论概念（mechanistic conception），认为在生物中只是那些存在于无生命界中的力和定律在起复杂的作用。第二种含义是生命的机器理论（the machine-theory of life），它从结构条件方面解释细胞和有机体中发生的全部过程特有的活动程序。

与此相对照，活力论否认完全用物理-化学解释生命的可能性，坚持认为生命与非生命之间有本质的区别。正如我们在杜里舒的学说中看到的，活力论认为，调整（regulation）现象即受扰乱后恢复原状的现象，似乎不能依据“机器”原理来说明。另一些活力论者则顽固地坚持生命的机器理论，从而得出他们的看法：每一部机器都意味着有一位设计和建造它的工程师。当笛卡儿推测有一种神灵（divine spirit）作为生命机器的创造者时，他得出的逻辑结论正是这个意思。达尔文的理论用偶然性取代了有创造

① 隐德来希：希腊语 *entelecheia*，古希腊亚里士多德用语，意为“完成了的目的”，以及潜能变为现实的能动本原。德国生物学家杜里舒在其新活力论中用此词指一种非物质的、神秘的、超自然的“整体原则”，认为它是生命现象的基础。——中译者注

力的神灵。现代生物学表明，达尔文的理论至少能非常成功地解释变异和物种的起源，也可能很好地说明某些比较高等的生物分类单位的起源。可是，要确定这种理论是否也能充分解释有机体重大形态的起源和每个有机体的活动所必需的无数生理过程的相互作用的起源，则是非常困难的。事实上，既然火车头和手表不是靠偶然的力量产生的，那么无数更为复杂的有机体“机器”是靠偶然的力量产生的吗？因此，有机体自我保持和受扰乱后的自我恢复所依赖的极其大量的物理–化学过程的有序性，以及有机体的复杂“机器”的起源，是不能用偶然的力量解释的；按照活力论的看法，只有用特殊的活力因子的作用才能解释。这些活力因子，我们称之为“隐德来希”“无意识”或“世界灵魂”，它们有目的地、定向地干预物理–化学事件。

但是，我们马上看到，从科学理论的要求出发，活力论必定将被拒斥。因为按照活力论，有机体的结构和功能好像是由许多妖精（goblins）控制的，这些妖精发明和设计了该有机体，控制其活动过程，并在这种机器受损伤后进行修补。这并没有给我们提供更深刻的洞见；它只是把目前看来无法说明的问题推移给更加神秘的要素，并把这种要素归为不能再做研究的X。活力论谈论的只是超出自然科学范围之外的生命本质问题。如果活力论是正确的，那么科学研究将会失去意义。因为，即使运用最复杂的实验和仪器，也只能作出原始人的那种拟人化解释。原始人认为，生命界存在着与他们自己明显的方向性和目的性行为相似的小精灵的智力和意志。无论我们考察动物的行为，还是细胞中复杂的物理和化学过程，或是有机体结构和功能的发育，我们总会得到相同的答案：正是某种灵魂似的（soul-like）东西隐藏在这些生命现象背后，操纵着生命活动。生物学历史驳斥了活力论，因为生物学所能说明的正是这些在当时活力论范围内看来是不可解释的生命现象。例如，维勒时代以前，人们一直把有机化合物的产生看作是一种活力论现象。甚至在巴斯德（L. Pasteur，1822—1895）看来，细胞发酵活动也是如此。这种看法一直延续到19世纪末比希纳（E. Buchner，1860—1917）用酵母萃取物进行发酵时才得以纠正。杜里舒的学说也认为有机体调整现象是一种活力论现象。但是，科学研究的进步，把越来越多的、以前被看作是活力论的现象纳入科学解释和科学定律的范围之内。我们将会看到，即使像杜里舒那样根据胚胎调整现象断言科学解释在生命领域中已破产的观点，也不再站得住脚了。与之相反，活力论的论点却可能几近被驳倒。

机械论概念与活力论概念之间的争论，犹如一盘进行了近两千年的棋赛。争论中总是重复出现实质相同的论点，虽然这些论点是以五花八门改头换面的形式出现的。终于，它们在人类的精神领域里表现为两种对立的倾向。一种倾向是，将生命服从于科学解释和科学定律；另一种倾向是，用我们自身精神的经验作为生命本质的标准，用这种经验来填补我们科学知识中推测的或实际的缺口。

2. 机体论概念

我们的时代，科学概念发生了根本的变化。现代物理学革命广为人知。以相对论和量子论为标志的这些革命引起了物理学理论的根本变革和发展。物理学的这种发展超过了它在过去几个世纪里取得的进步。尽管生物学思想领域内发生的变化并不显著，但已发生的变化的结果可能是同等重要的。这些变化既产生了对生命本质的基本问题的新看法，也引出了新的问题和新的解释。

我们可以认为，现代生物学的发展已得到了这样一个确定的事实，即完全不赞同机械论和活力论这两种传统观点，而是确认一种新的、超越这两者的第三种观点。本作者称这种观点为机体论概念（organismic conception），本作者提出这个概念已二十多年。人们发现，在生物学的各个领域以及医学、心理学、社会学等这些邻接的学科内，与这个概念相类似的概念是必要的，并已得到了发展。如果我们保留“机体论概念”这个术语，那么我们也只是为了给一种观念以方便的称谓，因为这种观念虽已变得非常普遍，但多数人又不知道如何称呼它。可能正是本作者最先以科学的和逻辑一致的形式阐发了这种新观点，这样说似乎也并不过分。

迄今为止，生物学研究和生物学思想是由三种主导概念决定的。这三种主要概念可以称为分析和累加的概念、机器理论的概念和反应理论的概念。

把我们在生命界遇见的复杂的实体和过程，分解为基本的单位，分析它们，以便用并列或累加这些基本的单位和过程的方法来解释它们，这似乎是生物学研究的目的。经典物理学的程序提供了这种研究模式。因此，化学把物体分解为基本组分——分子和原子；物理学把摧毁树木的风暴看作是空气粒子运动的总和，把躯体的热看作分子动能的总和，等等。生物学的所有领域也应用与此相应的程序，正如某些例子显然表明的那样。

因而，生物化学研究的是生物体的单个化学成分和生物体内进行的化学过程。以这种方式，详细说明细胞和有机体中的化合物及其反应活动。

传统的细胞理论认为细胞是生命的基本单位，好比认为原子是化合物的基本单位。因而，从形态学上看，多细胞有机体好像是细胞这种构成单位的聚集体；在生理学上，人们则倾向于把整个有机体中的生理过程分解为细胞内的生理过程。微耳和（R. Virchow，1821—1902）的“细胞病理学”和弗沃恩（M. Verworn，1863—1921）的“细胞生理学”，对这种观点作了纲领性的论述。

有机体胚胎发育研究领域也使用这样的观点。魏斯曼（A. Weismann，1834—1914）的经典理论（第 63 页）假定，卵核中存在着许多构造单个器官的原基[①]或微小的初级发育机器。在发育过程中，这些原基随着细胞分裂而逐渐分离，每个胚经历这样的过程，然后定位于不同的区域。胚赋予这些区域特定的性状，由此最后决定发育成熟的有机体的组织结构和解剖结构。

有关反射、神经中枢和定位的传统理论，不仅从理论上看，而且从临床的观点看，都是非常重要的。神经系统被看成是为单个功能所设定的装置之总和。例如，脊髓节中枢对于单个反射的关系就是如此；大脑神经中枢对于各个有意识的感觉-知觉区，对于单个肌肉群的随意运动，对于言语和其他更高级的精神活动的关系，也是如此。相应地，动物的行为被分解为反射的总和或反射链。

遗传学把有机体看作是各种性状的聚集体，归根到底看作是生殖细胞中与各种性状相对应、各自独立地传递遗传信息和发生作用的基因的聚集体。

因此，自然选择理论把生物分解为性状的复合，某些性状是有利的，其余的是不利的。这些性状，更确切地说，与这些性状对应的基因，是独立遗传的，从而能通过自然选择提供的机会，淘汰不利的性状，保持和积累有利的性状。

在生物学的每个领域中，而且在医学、心理学和社会学领域中，都可以看到同样的原则在起作用。然而，以上例子足以表明

① 原文为 anlagen（单数为 anlage），指在动物的早期胚胎中，形成未来成体的某种组织或器官的区域。——中译者注

分析和累加的原则已在所有领域起指导作用。

对生物中单个的部分和过程进行分析是必要的，而且是更深入地认识生命的先决条件。然而，单采用分析方法还不是充分的。

生命现象，如新陈代谢、应激性、繁殖、发育等，只能在处于空间与时间中并表现为不同复杂程度的结构的自然物体中找到；我们称这些自然物体为“有机体”。每个有机体代表一个系统，而系统这个术语在我们这里指的是由处于共同相互作用状态中的诸要素所构成的一个复合体。

从这种显而易见的陈述中可以看出，分析和累加的概念必然有以下的局限性。第一，它不可能把生命现象完全分解为基本单位；因为每一单个部分和每一单个事件不仅取决于其自身的内在条件，而且不同程度地取决于整体的内在条件，或取决于该整体作为一个部分所从属的更高级单位的内在条件。因此，孤立部分的行为通常不同于它在整体联系中的行为。杜里舒海胆胚实验中孤立的分裂球的行为，不同于它在完整胚胎中的行为。如果将细胞从有机体移植到适当的营养物中加以培养，那么由此生长成的组织的行为，会不同于它们在有机体中的行为。脊髓孤立部分的反射，不同于这些部分在完整无损的神经系统中的行为。许多反射只能在孤立的脊髓中清楚地表现出来，而在完整无损的动物中，比较高级的神经中枢和大脑的影响明显地改变了这些反射。因此，生命的特征，是从物质和过程的组织中产生的、与这种组织相关联的系统的特征。因而，生命的特征随着整体的改变而改变，当整体遭到毁坏时，生命的特征就随之消失。

第二，真实的整体显示出一些为它的各孤立的组成部分所没有的性质。生命问题是组织问题。只要我们从整体组织中挑选出单个现象，那么我们就不能发现生命和非生命之间的任何根本区别。无疑，有机分子比无机分子复杂得多；但是，它们与死的化合物并无根本区别。甚至复杂的过程，如细胞呼吸和发酵过程、形态发生、神经活动等，长期被人们看作是特殊活力的过程，在很大程度上已经能用物理-化学加以解释。其中许多过程，甚至可以用无生命模型进行模拟。可是，我们在生命系统中看到的各个部分和过程所进行的奇异而特殊的有序活动，却提出了一个根本性的新问题。即使我们有了构成细胞的所有化合物的知识，也还不能解释清楚生命现象。最简单的细胞已经是极其复杂的组织，目前人们只是模糊地认识到它的规律。人们通常提到“活的物质”。这个概念根本是一种谬见。在铅、水、植物纤维素都是物质的意义上，并不存在“活的物质”，因为从中任意提取的部分显示出与其余的部分有相同的性质。而生命与个体化和组织化的诸系统是密切相关的，系统的毁坏会导致生命的终结。

对生命过程也可以作类似的思考。当我们考察活机体中发生的单个化学反应时，我们不能指出它们与无生命物体或腐尸中发生的化学反应之间有任何根本区别。但是，当我们考察有机体或有机体的部分系统，例如细胞或器官内的化学反应过程的整体而不是单个过程时，可以发现生命过程与非生命过程的根本差别。例如，我们发现，有机系统内所有组成部分和过程如此有序，以至于能保障该系统的保持、建造、恢复和繁殖。这种有序性从根本上将活机体内的事件与非生命系统或尸体中发生的反应区别开来。

有人对这种观点作了如下的生动描述：

> 不稳定的物质发生分解；可燃物偶然发生燃烧；催化剂加速了缓慢的过程。这里不存在什么奇异的东西。连续地逐步进行的分解代谢并没有毁坏有机体，相反

地，它间接地保持了有机体，使它成为一个有组织的过程。我们的组织虽不断发热却并不破坏这些组织的结构；因此，每种动物和植物像装有燃料而不停地做功的蒸汽机；就此而言，呼吸不同于普通的氧化。如果不是腺体去掉了对有机体有害的东西而保留了有益的东西的话，那么，分泌也就成了普通的渗透现象。我们可以毫不费力地把植物和较低等的动物的活动解释为对刺激的反应；不愿在动物王国内划分明显界线的人，最终也以这样的方式解释动物的这些自发活动；在他看来，这些自发活动是一些“脑反射”，这些反射确实非常复杂，但它与那些对外界刺激作出反应的简单反射并没有本质的区别。现在让我们作这样的设想：我们构造出一种死的反射装置。它必须充满潜在的能量；即使轻微的扰乱，也能触发强有力的活动；这种特殊的装置能用以不断地贮存潜在的能量。我们要问，在何种意义上，这种机械装置（mechanism）与生物有根本的区别，对它的作用不同于刺激，而且它的活动不同于有机体的活动？事实上，所有有机的反应都直接地或间接地有利于维持生存，或有利于产生所需要的形态。（J. Schultz，1929）

这样，整体性和组织问题给分析和累加的描述与解释设置了限度。那么，用什么方式能够对之做科学研究呢？

经典物理学（它的概念图式已被生物学采用），在很大程度上具有累加的特征。在力学中，它把物体看作相互独立的分子的总和，例如在热理论中，它把气体看作是相互独立的分子的一种“混沌”（chaos）。事实上，“气体”（gas）这个词，是由16世纪物理学家范·赫尔蒙特（van Helmont，1580—1644）引入的，它正是以潜意识的符号表示“混沌”的意思。[①] 然而，在现代物理学中，整体性和组织的原理获得了迄今为止人们未曾料想到的意义。原子物理学处处遇到整体问题，这些整体不能分解为孤立要素的行为。无论研究原子结构，还是研究化合物的结构式，或是晶体的空间点阵，总会出现组织问题。组织问题似乎成为现代物理学中最重要的和最引人注目的问题。由此看来，用分析和累加的观念看待生命是极不妥当的。无生命的晶体具有奇妙的结构，晶体结构在其形成的过程中，以最快的速度做着数学物理学家的推理工作。但是，人们认为，将具有惊人性质的活原生质称为“胶体溶液”，已经对原生质作了解释。原子或晶体不是偶然的力作用的结果，而是组织的力作用的结果；但是典型的组织化事物，即生命有机体，却被解释为突变和选择的偶然产物。

因此，生物学的任务是要建立起支配生命活动的有序和组织的定律。而且，正如我们下面将会看到的，应当在生物组织的所有层次——物理-化学层次、细胞层次和多细胞有机体层次，乃至由许多个别有机体组成的群体层次上研究这些定律。

怎样解释生物组织呢？

一切知识始于感觉经验。因此，科学活动的最初倾向是要设计形象化的模型。例如，当科学得出结论，认为称作原子的基本单位是实在的基础时，原子的最初概念是指相似于小型台球的微

① 范·赫尔蒙特从瑞士医生、医学化学奠基人帕拉塞尔苏斯（Paracelsus，约1493—1541）用来表达空气的希腊词 *chaos* 引申出“气体”（gas）这个词。——中译者注

小而坚固的物体。不久，人们认识到原子并非如此，最终单位不是用形象化的模型所能定义的实体，而是只能用数学的抽象语言加以规定，使用像“物质”和“能量”、“微粒”和“波”这样的概念，仅仅表明它们的某些行为特征。当人类观察星星有规律的运动的景象时，他们首先寻找宇宙中巨大的机器，认为是这些机器的旋转使星星——亚里士多德所想象的水晶般的球体——保持和谐的运动。直到天文学打破了这幅画面，人们才认识到，行星运动的秩序只是由于天体在空虚的太空中相互吸引而造成的。因此，结构是人类为解释自然过程的有序性而首先寻求的东西；至于从组织力方面来解释，则困难得多。

这也适用于对生命的解释。考察细胞或有机体为维持其自身生存而在其内部进行着的难以想象的大量过程，似乎只可能有一种解释。这种解释可以称为机器理论。它意指生命现象中的有序在结构方面可以用机械装置——在此词的最宽泛意义上——进行解释。机器理论概念的例子，便是魏斯曼的胚胎发育理论（第63—64页），或传统的反射和神经中枢理论（第117页）；在生物学的每个领域里都可发现这种类型的解释。

活机体中确实呈现出大量的结构状态。器官生理学，例如营养器官、循环器官、分泌器官的生理学，感觉器官（作为接受刺激的感受器）的生理学，神经系统及其联结的生理学，等等，描述的正是我们在一个有机体中所看到的技术杰作。同样地，我们在每个细胞中，从肌肉和神经纤维这类收缩和传导兴奋的机构，到具有分泌和分化功能的细胞器，再到作为遗传结构单位的染色体，等等，都可发现充当有序介体的结构。

然而，我们不能把结构看作生命活动有序性的主要基础，这有三个理由。

第一，我们在所有生命现象领域中发现有受扰乱后进行调整的可能性。杜里舒的看法是对的，他认为，这样的调整，例如胚胎发育中的调整，不可能建立在“机器”的基础上，因为固定的结构只能对某些确定的紧急状态（exigencies）作出反应，而不能恰当地对其他任何一种紧急状态作出反应。

第二，机器结构与有机体结构之间存在根本的区别。前者总是由同样的成分构成的，而后者则是在其自身构成物质不断分解和替换的连续流动状态中得以保持的。有机体结构本身是一种有序过程的表现，它们只有在这种过程中，且依靠这种过程才能得以保持。因此，有机过程的基本有序性必须在这些过程本身寻得，而不可能从先前确立的结构中找到。

第三，我们在个体发育中，同样也在系统发育中，发现了从具有较少机械性和较多可调整性的状态，到具有较多机械性和较少可调整性的状态的转变。我们再以胚胎发育为例来说明这点：如果在两栖动物胚胎的早期阶段，将胚胎一块预期的表皮移植到未来脑的部位，它会变成脑的部分。可是在后期阶段，胚胎部位会不可改变地注定要形成某些器官。因此，一块预定的脑，即使被移位后，也会成为脑或其派生物，例如在体腔中形成的眼。当然，在这里完全错放了位置。我们可以在极其多样的生命现象中，发现这类仅固着于一种功能的现象。我们称这种现象为逐渐机械化。

我们由此得出以下结论。其一，有机过程是由整个系统中各种条件的相互作用决定的，是由我们称为动态的有序决定的。这是以有机可调整性为基础的。其二，逐渐机械化发生的过程，即原初整体的行为分化成受固定结构控制的、各自分离的行为。在细胞结构、胚胎发育、分泌、噬菌作用以及再吸收、反射和神经中枢理论、本能行为、格式塔知觉等各领域中，可以看到与结构的或机器式的有序相对立的动态有序的基本性质。有机体不是机器，但它们在一定程度上可以变为机器，凝固为机器。然而，完全机械化的有机体绝不会在受扰乱后完全不能进行调整，或不能对外界不断变化的状况作出反应。事实上，有机体的各个过程绝不只是单一结构上固定的诸过程的总和，而总是具有在不同程度上各个过程受制于动态系统的特征，这赋予有机体对变化的环境的适应能力和受扰乱后的调整能力。

将有机体与机器作比较，也产生了我们已提到的最后一个观点，我们称之为反应理论。反应理论把有机体看作一种自动机。正像自动售货机由于内部机制的作用，被投入硬币后会提供商品那样，有机体也通过一定的反射活动对感官的刺激作出反应，通过某些酶的产生对食物的摄入作出反应，等等。这样，有机体被看作是本质上被动的系统，仅仅受外界的影响即所谓刺激而开始活动。这种“刺激-反应图式”，尤其在动物行为理论中成为十分重要的图式。

可是，事实上即使在外界条件不变和没有外界刺激的情况下，有机体也并不是被动的系统，而是本质上主动的系统。很明显，在基本的生命现象中，新陈代谢（组成物质的连续合成和分解）是有机体固有的，而不是外界条件强加的。这种观点对于考察神经系统的活动、应激性和行为问题尤为重要。现代科学研究表明，我们必须把自主活动（例如，这在有节律的自动功能中是很明显的）而不是反射和反应活动，看作基本的生命现象。

因此，我们可以将机体论概念的要点概括如下：作为一个整体的系统概念——与分析和累加的观点相对立；动态概念——与静态和机器理论的概念相对立；有机体原本是活动的概念——与有机体原本是反应的概念相对立。

这些原理能使我们克服机械论概念与活力论概念之间的对抗。机械论和活力论都基于分析的、累加的和机器理论的原理。机械论并没有真正探讨生命的基本问题——有序、组织、整体性、自我调整。这些生命的基本问题是不能用分析的研究方法来解决的。试图用机器理论即依据先前存在的结构来解释生命的基本现象和问题，也遭到了失败。活力论是因这些未解决的问题而出现的。但是，它并没有推翻累加的概念和机器理论的概念。相反，活力论把活机体看作各个部分的总和及机器式结构的总和，设想它们由一位灵魂似的工程师在控制并补充其给养。因此，以杜里舒为例，他把胚胎说成是细胞的“总和式的聚集体”，它靠隐德来希而变成整体。这样，活力论者的出发点不是一种无偏见的有机系统观点，他们同样是从有机机器这种先入之见出发的。活力论者认识到，这种概念不能令人满意地说明有机体调整现象和有机机器起源的问题。为了拯救活力论，他们引进了一些要素以修理受扰乱后的机器或担当机器制造者。人们已经认识到，对有机体有序和调整现象的解释只可能有两种：有序性或者是由机器式的固定结构造成的，或者是由某种活力因素造成的。这两者都是不当的。机械论观点在调整现象和“机器”起源的问题面前破产了；活力论则抛弃了科学的解释。

与机械论和活力论的概念相对立，出现了机体论概念。仅仅知道有机体的个别要素和过程，或者用机器式结构解释生命现象的有序性，都不足以理解生命现象。乞助隐德来希作为组织因素，更是于事无补。进行分析，不仅对于尽可能多地了解个别组分是必要的，而且对于了解把这些部分和部分过程联合起来的组织规律，同样是必要的，而这种组织规律正是生命现象的特征。这里有生物学基本的和特有的研究课题。这种生物的有序是独特的，它超出了那些适用于无生命界的规律，但我们能通过坚持不懈的研究逐步接近它。这要求在所有层次上进行研究，其中包括物理-化学的单元、过程和系统的层次，细胞和多细胞有机体的生物学层次，以及生命的超个体单元层次。在每个层次上，我们都能看到新的性质和新的规律。生物的有序在很大程度上具有动态的性质，我们将会在后面看到有关这个问题的说明。

对于生命自主性问题，机械论的概念持否定态度，活力论则将其标志为形而上学问题而加以保留；而在机体论概念看来，这是能够加以科学研究的问题，实际上人们已对它进行了研究。

“整体性”这个术语长期以来被人们严重误用。在机体论概念里，它既不表示某种神秘的实体，也不是我们的无知的避难所，而是我们能够并且必须用科学方法进行探讨的事实。

机体论概念并不是机械论观点和活力论观点之间的妥协、调和或中间道路。正如我们看到的，分析、累加和机器理论的概念一直是这两种传统观点的共同基础。组织和整体性被视作是有序的原理，是有机系统固有的，是能够加以科学研究的，这包含着一种根本性的新见解。可是，机体论概念遇到了新观念通常遇到的事：起初它受到攻击和拒斥，后来它被宣称是古老的和自明的。事实上，一旦人们了解了机体论概念，就知道这个概念只不过是从“有机体是组织化系统”这种明白的陈述中得出的结论。然而，为了达到这点，必须无偏见地探讨这个概念。甚至今天为了同许多领域中根深蒂固的思想习惯作斗争，这种探讨仍有必要。

有必要首先在生物学的研究方法和理论的意义上，然后在它的认识论意义上，对机体论概念加以考察。

实验室里的研究人员忙于研究特殊的问题和做具体的实验，对“一般的思考”抱怀疑和反感的态度。当然，具体问题不能靠方法论的思考和假设来解决，而只能通过对它的耐心研究来解决。但是，另一方面，基本看法决定了研究者能够洞察到什么问题；决定了他如何构思问题，如何拟定他的实验步骤，如何选择研究方法，最后决定了他对研究的现象提出什么样的解释和理论。事实上，头脑依赖于流行的看法越强，洞察和探究问题的感觉就越少。在这种意义上，传统生物学完成的工作和取得的成就以及它存在的缺点，无疑是由我们已指出的这些主要原理决定的。要了解这点，只需粗略地考察一下生物学的任一领域，甚至是我们将在后面看到的医学和心理学领域也足够了。与此相似，机体论概念也是一种试图指明应当提出什么问题以及如何解决这些问题的作业看法（working attitude）[①]。正是这种作业看法使人们有可能观察和处理生命现象的基本问题，并对这些问题作出解释；而用以前的概念根本观察不到生命现象的基本问题，即使观察到了，也把这些问题看作不能加以科学研究的神秘事物。

我们的目的是要阐明生命现象的精确定律[②]。按照生命现象的基本特征，这些定律必定在很大程度上具有系统规律的性质。从这个意义上说，机体论概念是生物学从自然史的阶段即描述有机体的形态和过程的阶段，转变到精密科学[③]阶段的前提。看来，我们时代面临的任务，是要完成生物学中的“哥白尼革命”。“哥白尼革命”是在涉及无生命界的科学领域中发生的。正是这场革命，使亚里士多德的世界体系转变为近代物理学。

记住，我们将考察某些基本的生物学问题，看一看机体论概念是如何发挥作用的。随后，我们将考察机体论概念的认识论结论。

① 相当于我们通常所说的作业假说（working hypothesis），以它作为研究工作的前提。——中译者注

② 本书 exact law 通译“精确定律”。——中译者注

③ 本书 exact science 通译“精密科学”。——中译者注

魏斯曼，德国生物学家，新达尔文学说的创立者。有学者将其列为19世纪继达尔文之后第二著名的进化论思想家

第二章

组织的层次

· *Levels of Organization* ·

物理的和生物的基本单位——细胞和原生质——细胞理论及其局限性——组织的一般原理——什么是个体——超个体组织的世界

维也纳大学主楼。贝塔朗菲曾在维也纳大学学习和工作

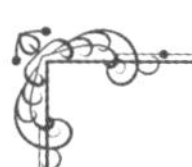

从一产生一切。

——赫拉克利特

分离、联合、交换、自我规定、显现与消失、凝固与流动、伸展与收缩，是生命体的基本特征。

——歌德:《自然科学格言》

1. 物理的和生物的基本单位

我们在自然界中发现巨大的组织结构，在这个组织结构中，下属的系统在连续的各层次上联合成更高的和更大的系统。化学的和胶体的结构整合成细胞结构和多种细胞，同种类型的细胞整合成组织，不同的组织整合成器官和器官系统，器官和器官系统整合成多细胞有机体，最后有机体又整合成超个体的生命单位。

这种组织结构的基础是物质的基本单位。按照物理学，物质由终极单位即各自带有负电荷和正电荷的电子和质子，以及不带电荷的粒子——中子构成。它们构成化学元素的原子。由中子和质子组成的原子核好比微型行星系的太阳，一些像行星般运动的电子围绕着它旋转，每种元素则是由这些粒子的特定数量决定的。对这个系统的扰乱，便使一种化学元素转变为另一种化学元素，而且可以导致原子的分裂，像原子弹爆炸那样毁灭性地释放出巨大的能量。

原子结合成各种化合物的分子，部分属于无机界，部分属于有机界。尽管构成生物的化学元素与非生物的化学元素没有什么区别，但是有机化合物是特殊的。由此引起了“无机”化学和“有机”化学的区分。在生物元素中，碳占有特殊的地位：似乎生命与碳的能力有密切关联，碳能形成极其多样、极其大量和极其复杂的分子，碳凭借这种能力胜过所有其他化学元素。有理由说，作为碳化合物化学的有机化学与无机化学之间的区别，在于碳化合物的数量是所有其他化合物数量总和的许多倍。在有机分子中，所谓大分子，包括诸如作为原生质最重要构成物质的蛋白质和作为植物细胞壁的纤维素，已经表现出复杂程度超过无机分子的特殊的结构规律。

小分子量的分子（既包括无机的，也包括有机的），用精确的分子式表示，它们由原子价键相互连接而成。正如人们所熟知的，一种元素的价键数是由能够结合在一起的氢原子数表示的。例如，氢具有一个氢价，H—H（氢分子）；氧有两个氢价，$\mathrm{O}\begin{array}{l}\diagup \mathrm{H}\\ \diagdown \mathrm{H}\end{array}$（水）；氮有三个氢价$\begin{array}{c}\mathrm{H—N—H}\\ |\\ \mathrm{H}\end{array}$（氨）；碳有四个氢价，$\begin{array}{c}\mathrm{H}\\ |\\ \mathrm{H—C—H}\\ |\\ \mathrm{H}\end{array}$（甲烷）。

在这幅以精确结构分子式表示的分子图中，我们初看有机分子，并没有什么变化，而当我们考察像叶绿素、血红蛋白、维生素等那样的大分子时，分子结构，从而分子式就变得复杂得多。

可是，我们一旦考察到高分子有机化合物，就会出现新的结构原理。例如，如果我们考察植物纤维素，我们发现作为最小单位的是一种二糖，所谓纤维二糖；至少三百个这种“基本单位”由普通化学键连接成“主化合价链”[①]。然而，大量的这类化合价键，大约四十个到六十个，还要依靠第二类化合价[②]或范德瓦耳斯力再连接成更大的结构——“胶团”（micella）[③]。蛋白质与多糖相对比，它们的区别在于，蛋白质不是由相同的，而是由不同的单位即不同的氨基酸构成的。在蛋白质分子的长链中，又出现了确定

① 这里说的“主化合价链”（main-valency chain）与下文提到的“基本化合价”都是“共价键”。——中译者注

②“第二类化合价”即是“离子键”。——中译者注

③ micella 亦译“分子团”。——中译者注

的结构规律，而发现这种结构规律正是现代有机化学研究的主要问题。这些结构原理之一是，不同的氨基酸好像是按照周期性模式排列的。例如，在蚕丝的纤维蛋白中，每第二个链是甘氨酸，每第四个链是丙氨酸，每第十六个链是酪氨酸。按另一种结构原理，许多蛋白质的分子量是35000分子量（作为一单位）的倍数。

这里，我们可以指出三点普遍意义。第一，除了经典化学的化合价之外，还显示出有一种范围更广泛的力制约着物质的结合。这些力已在所谓非理想气体中表现为范德瓦耳斯力，范德瓦耳斯力由气体分子的相互吸引产生，并造成对理想气体方程的偏离。它们作为晶格力，在许多晶体的形成过程中起着构成作用，也表现为固体的内聚力。正如刚才提到过的，它们在大分子有机化合物结构中起作用，同样地，正如我们将要看到的，对于胶团结合而成的构型（patterns），它们也在其形成中起作用。所有这些力原则上与化学的亲和力是相同的。可是，要指出的是，传统化学的基本的或主要的化合价只表示价键领域内相当小的一部分。在这个意义上，结构化学，气态、液态和固态理论，胶体化学，结晶学，等等，融合成统一的领域。同时，无生命结构和有生命结构之间存在的鸿沟变小了。我们正在洞悉一个力的新领域，其中所产生的构型和组织超越了分子内原子和原子团的构型，后者在传统化学中被孤立地考虑。

第二，有序的类型基本上改变了。尤其在大分子碳水化合物中，传统意义上的"分子"和"化合物"的概念变得不适用。事实已证明了这点。例如，在植物纤维素分子式（$C_6H_{10}O_5$）$_n$中，出现不确定的数n。植物纤维素的结构不能用严格的分子式表达，而只能用统计方法表达；大约三百个糖残基形成一个主化合价链，大约四十个主化合价链形成一个胶团。

第三，胶团又可以组合成更高级的结构。因此，举例来说，植物纤维素胶团在植物细胞壁中显示出有规则的排列，它们在连续的层次等级中最终逐渐形成微小的和肉眼可见的植物纤维。蛋白质中的层次等级尤为明显。氨基酸和蛋白质分子作为构成更高单位的部分，它们本身表现为细微的小纤维；小纤维又可以联合成微观纤维，而微观纤维又渐次联合成肉眼可见的宏观纤维，诸如神经和肌肉中的纤维。

这样，亚显微形态学领域（Frey-Wyssling[①]）形成了从物理-化学领域到生物学的转变。经典物理学和传统化学只知道两种有限的情况：一种是分子结构和三维晶格中原子或基团的严格排列；另一种是溶液中分子无规则运动的完全无序。但是，实际上物理结构的系列并不限于分子结构和晶体，而超出这些，只能应用溶液的随机分布定律和力学的摩尔定律（molar laws）。相反地，这里出现了一系列更高级的、不间断地通向宏观领域的结构模式。在每一个新的结构层次上，自由度随之增加。分子的结构是用精确的结构式确定的。像植物纤维素那样的大分子化合物，则只能用统计方法加以规定。在胶团的排列中，诸如在小纤维中，其构成单位与典型的晶体相比，并不在空间的所有三个维度上都是有序的，而只在其中的两个或一个维度上是有序的。

超出大分子化合物的层次，就走向非生命界和生命界之间迷人的边缘地带。这是冠以病毒名称的病原因素的领域。小儿麻痹症、天花、麻疹、流行性感冒、狂犬病、口蹄疫等，还有许多植物病，都是由病毒引起的。病毒如此之微小，以至于大多数病毒不能用普通光学显微镜而只能用电子显微镜才能观察到。就简单

① 弗雷-威斯林：《原生质亚显微形态学及其由来》（*Submikroskopische Morphologie des Protoplasmas und seiner Derivate*），柏林，1938 年；英译本 *Submicroscopic Morphology of Protoplasm and its Derivatives*，赫尔曼斯（J. J. Hermans）和霍兰德（M. Hollander）译，纽约，1948 年。

病毒而言，它们具有巨大分子量的纯结晶蛋白质可以被分离出来。例如，烟草花叶病毒的分子量是4070万。另一方面，它们显示出来的属性似乎具有生命的最主要特征：它们通过分裂进行繁殖。例如，如果一株植物被注入几百分子的结晶烟草花叶病毒，那么，它的各个部分都会得病。病毒物质就会大量地增殖起来。

病毒，就其化学的和物理的性质而言，是可以用基本生物单位的概念加以概括的最典型的实体。这些实体被定义为能够复制自身或协变复制的最小系统。病毒在许多方面可以与遗传单位或基因相比较，基因像一串珍珠那样排列在细胞核的染色体上，并位于染色体染色较深的片段即染色粒上。然而，区别在于，病毒像寄生虫那样是从外界导入的，而基因是细胞必不可少的组成部分。遗传学研究和染色体显微研究这两方面的工作得出了这样的结论：基因是由几十万分之一毫米长度的蛋白质大分子排列成的巨大分子链。因此，整个染色体可以看作是一种“非周期性晶体”(schrödinger)。在普通晶体中占据格点的原子或原子团是按周期性规律重现的，例如，在普通的盐的晶体构型中，钠原子和氯原子是交替的。与此相对照，染色体是不同的原子团即基因的结晶状构型。

基本生物单位群包括病毒、基因，以及其他某些有繁殖能力的系统，诸如近年来常常讨论的细胞质基因，可能还有抗体。这里存在着三个基本问题。第一个是将这些系统以特定的方式结合成一体的力的问题。从物理学的观点来看，这些系统是巨大的，因为它们包含着几百万个原子。大分子被周围溶液中的分子持续不断地碰撞，该溶液处于热运动中。尽管如此，基因仍是非常稳定的结构。基因和染色体只要不发生遗传的变异或突变，就会在许多世代中无变化地传递下去。单个基因的突变频率几乎没有什么规律。

第二个问题是在这些单位中生长的条件问题。它们的生长不能同普通的聚合作用相比，例如不能与在合成橡胶生产中的聚合相比。因为后一情况中分子纵向地连接起来，致使链的长度增长，最终会横向地发生断裂。而线状的病毒分子必须横向地添加上合适的构成单位，使其最终发生纵向分裂，正像我们在染色体分裂中直接看到的那样。可是，普通晶格力绝不能充分说明基本生物单位所具有的令人惊奇的特异性：它能从可用的组成物质中挑选出“恰当的成分”，把它添加到正确的位置上。这些特殊的吸引力可以直接被观察到。正如人们熟知的，动物或植物的每一个体细胞都具有两组染色体（二倍体），即每种染色体有一对；在性细胞成熟期间，染色体通过减数分裂的方式进行分配，结果每个性细胞只得到一组染色体（单倍体），以致在受精时通过卵细胞与精子细胞结合，重新组成二倍体。减数分裂的特殊阶段是染色体的配对。两条染色体互相并列地靠在一起，每对的成员通常互相缠绕，由此会发生染色体片段的交换，并因此而发生交叉。配对不仅发生在同源染色体即形态上对应的二倍体成员之间，还发生在同源染色粒即表示基因位点的染色较深的片段之间。例如，含有染色粒的染色体片段，可以用 X 射线打掉。如果这样的染色体与正常染色体配对，那么，由于同源染色粒之间发生了配对，以及在一条染色体中缺失了一个片段，于是，完整的染色体形成了一个环。至于由基本生物单位及其部分所施加的特殊吸引力的本质，目前只能作假设陈述。按照弗里德里希–弗雷克萨（Friedrich-Freksa）的看法，这些特殊吸引力是由核酸链的静电荷构型产生的，而约尔丹（P. Jordan，1902—1980）则认为，是由量子力学的共振引起的。

第三个基本问题是基本生物单位具有进行协变复制的能力。有人说过：“在这不可测知的自然奥秘面前，我们不能不感到敬畏。”（Frey-Wyssling）但是，事实上人们已用若干方式对协变复制理论进行了探讨。本作者已建立了一个假说模型，可在此作一简要介绍。

德林格尔和韦茨（Dehlinger & Wertz，1942）已把由冯·贝塔朗菲建立的“开放系统的稳态”理论应用于基本生物单位。按照他们的看法：“符合贝塔朗菲假设的最简单的排列，即尽管处于准静止态，但也不断进行化学反应的排列，是所谓单维晶体，这种排列是由不同数量的分子（原子团）一个衔接一个地构成的，它从外界吸取分子进行扩增，而且它能够进行分裂。”这个概念被详尽地阐发为更加明确的基本生物单位的模型（von Bertalanffy，1944）。按照冯·贝塔朗菲的看法，基本生物单位是微晶（crystallite），一方面微晶依靠特殊的吸引力把分子团连接在一起，由此而生长，另一方面微晶又经历着分解代谢的过程。如果出现这样的过程，必定会产生排斥力，这最终会导致微晶的分裂，即导致它的协变复制。

这个基本生物单位模型的基本假定是，它们不是稳定的晶体，而是像所有生物系统那样，处于连续的物质交换的状态。至少，对于染色体来说这个概念基本上是必不可少的，而且在实验上得到了证实。正如去核细胞不能长久存活的事实所表明的，染色体控制着细胞的生理过程。作为遗传因子的载体，染色体对细胞和整个有机体产生直接的影响。由基因引起的化学作用表明，细胞和有机体是新陈代谢的单位。实验的证据得出了相同的结论。从现代概念（Caspersson）来看，核蛋白是细胞中蛋白质最重要的合成中心。赫维西（Hevesy）利用放射性磷对细胞的核蛋白进行研究的结果表明，核酸处于不断耗损和更新的状态。布拉赫特（Brachet）认为（1945），这个概念是新颖的和重要的：染色体物质看来处于不断更新的状态，而且它是新陈代谢的基点。

因此，我们关于染色体是“产生代谢变化的晶体”的假定，无疑是正确的。至于病毒的代谢情况，我们已指出了可用实验证实的方法。

从这个概念可以引出两个普遍性的结论。第一，基因和染色体看来不是静态的大分子或这些大分子的复合物，而是动态的结构，“产生代谢变化的非周期性晶体”。它们依靠一种并非静止的、以稳态方式维持的构型存在。

第二，人们常常讨论的病毒是“生命有机体”还是“无生命的自催化剂”的问题，可以用以上概念来解答。最近的研究表明，“病毒”是关于具有各种不同性质的实体的集合名称。它包括：大蛋白质分子，例如烟草花叶病毒；分子束，如昆虫的多面体病毒[①]；可在电子显微镜下看到的随着分化而形成的病毒，如疫苗病毒；最后是已接近细菌构造的形态，诸如污水微生物和引起斑疹伤寒的立克次氏体属微生物。我们可以只限于考察像烟草花叶病毒蛋白质那样的形态，因为它可能代表一种产生代谢变化的微晶。这种微晶能够从它周围吸取分子团，由此而生长，最终产生分化。但它没有自主生活即进行有机分子初级合成的能力。它肯定缺乏有机分子初级合成的必要条件——酶系统。因此，尽管基本生物单位表现出生长和协变复制，但只有具备合成活动（即构成新的有机分子）的完整复合物，才能保持细胞作为一个整体的优势。

---

① 伯戈德（G. H. Bergold）:《作为有机体的昆虫病毒的繁殖》（The Multiplication of Insect Viruses as Organisms),《加拿大研究杂志》E版块（*Canadian J. of Research* E）［E版块（Section E）是医学版块——中译者注］, 28, 1950年。——作者对英文本的注释

2. 细胞和原生质

让我们来考察作为生命基本单位的细胞。细胞，即以核酸和细胞质为基本组成部分的单位，是已知的能够自主生活的最简单的系统。非常令人惊讶的事实是，一切生物，从微小的单细胞水藻到千年大树，从阿米巴①到人，都由细胞这样一种构成单位的变异和多样化组合而形成。这个事实表明，存在着一种基本结构定律。

从物理-化学的观点来看，原生质是非常复杂的胶体系统。在这系统里，弥散在水中的状态，可以由大小极为不同的粒子、聚集状态、物理性质、化学构造和生理活动来描述；其中，弥散的程度是极易变化的，也极易从溶胶变为更密实的凝胶状态。

然而，显而易见的是，即使最复杂的胶体系统仍没有显示出"活的"东西的奇特行为，这种行为特征是，它不像普通物理-化学系统那样，尽可能快地进入稳定平衡的状态，而是在新陈代谢的稳态中保存自身（第 132 页）。于是，我们遇到了原生质特殊组织的问题。广泛被人们接受的现代概念，是原生质网状结构的概念（Frey-Wyssling）；亚显微粒子通过它们节点或"接合点"上的侧链的连接（这些接合点被弗雷-威斯林称为 Haftpunkte）形成不稳定的纤维状结构，长线似的分子，尤其是蛋白质分子。哈弗特庞克特理论确实阐明了原生质组织的一个重要原理，解释了原生质的许多物理-化学性质。

可是，静态的和结构的原生质概念，看来并没有提供一个完备的解决办法。我们必须考虑前面大体上论述过的观点（第 18—

① 英文为 amoeba，一种单细胞原生动物，属变形虫科。——中译者注

19 页)，注意到从结构方面进行解释的局限性。

三十多年前，霍夫迈斯特（F. Hofmeister，1850—1922）试图回答细胞中活动过程的模式问题（1901）。例如，在体积大约是针头的十万分之一的肝脏细胞中进行着大量复杂的化学过程；化学家要进行这些化学过程，必须采用大量的步骤，如果我们假定化学家确实能完全完成这些过程的话。但是，细胞则是靠特定的酶利落地完成这些过程。霍夫迈斯特根据当时流行的原生质结构泡状学说，解释了细胞内不受干扰地、有序地进行的维持生命的化学反应活动：原生质由泡状结构再分为极小的单独反应的容器。这种认为小泡或泡沫状的结构在原生质中是基本的、普遍存在的观念，现已不再适用。然而，当我们想象其他结构状态中的反应过程是单独而有序的，诸如酶依靠化学力、吸附力、电力或其他亲和力，固定在某些显微结构中或分子结构的某些点上进行反应活动，这种基本观念迄今并没有改变。

虽然许多事例表明了酶固定在原生质显微结构和亚显微结构中，但这并没有对细胞中发生的反应模式作出最后的解释。原生质经常处于变动不居的状态，它的流动和运动已表明了这一点。它的胶质结构是非常易变的。它的体积可以通过“帽状质壁分离”的水合作用而增加十倍，甚至更多；但它仍是活的，并能够逆向脱水（Höfler）。这与永久性的分子结构的存在状态几乎没有相同之处。用经过离心和分割处理的卵做实验，证明了即使它处于严重分离的状态，细胞质的显微结构和亚显微结构被破坏，也不一定会造成发育的紊乱。尤其是，原生质在它的物质连续不断的合成和分解中维持其自身，这个过程以结构持续不断的和受调控的变化为先决条件。

原生质的组织结构不是静态的，而是动态的。这种动态过程固有的有序性，并不是由预先确立的结构状态造成的。相反，作为整体的动态过程自身就具有有序性，它表现为自我调节的稳态。因此，当原生质系统尚未形成固定的结构状态时，它似乎对于外界扰乱有很大的忍受能力；但是，如果形成了固定的结构状态，例如，在胚胎发育过程中原生质分化成许多器官形成区域（第 64—65 页），那么，当这些状态受到不可逆的破坏或易位时，就会导致无可修复的结果。

某些事实已表明这种概念是正确的，尽管这样的事实目前还不多。很可能个别的组分不是以确定的化学个体存在于细胞中，而是与大量组分处于动态平衡之中。因此，泽伦森（Sörensen）认为，细胞蛋白质并非严格地具有可确定的分子，而是表现为一个“组分可逆的、可分离的系统”。这个系统依据当下状况，可以分解为碎片，也可以由这些碎片加以重建。弗莱斯（F. Vlès，1885—1944）和盖克斯（Gex）用紫外线光谱仪研究透明的海胆卵。他们获得的光谱与蛋白质光谱不相一致。典型的蛋白质光谱只有在细胞被破坏之后，也就是将细胞溶解在稀释溶液中或将细胞压碎之后，才能出现。除非我们把蛋白质不看作是稳定的化合物，不看作是稳定化的产物，也不看作是并非存在于活细胞中的组分，而是把它看作处于某种动态平衡中的组分，否则，上述结果很难得到解释。很有可能，细胞结构至少有一部分不是自发的[①]结构，即不是建立在稳定的物理-化学平衡基础上的结构，而是需要供给能量以维持它们存在的非自发的结构。很久以前，迈耶霍夫（O. F. Meyerhof，1884—1951）强调了细胞分裂时明显消耗的能量与通过胚胎呼吸所获得的能量之间的不均衡性。他得出结论，我们可能只是部分地知道细胞实际做的功，并且在这种微小空间范围内所做的功对于维持细胞的结构是必要的。

---

① 这里“自发的”（spontaneous）含有“非培养的”之意。——中译者注

因此，原生质组织是从结构基础上的有序问题进入稳态的维持问题的一个交汇点。今后的有关理论必须考虑到这两方面的问题。

3. 细胞理论及其局限性

“细胞理论”是不适当的，这种陈述是“整体论”生物学最流行的一种陈述。为了对细胞理论作出正确的评判，有必要先弄清它的含义。

细胞，即由细胞质和细胞核这两个基本部分组成的系统，是所有有机体（植物和动物）的最重要的结构要素。这是既无可争议而又无须称为“理论”的经验事实。这种经验陈述同有关细胞结构和功能的所有特定的经验事实一起，可称为“细胞学说”。

可是，“细胞理论”比这种经验陈述更进一步。从形态学方面说，它意味着细胞是生命世界无所不在的和唯一的构成要素，也意味着多细胞有机体是诸细胞的聚集体。从胚胎学方面说，它把多细胞有机体的发育解析为胚胎中诸个体细胞的活动。从生理学方面说，它把细胞看作功能的基本单位。细胞理论的奠基人施旺（T. Schwann，1810—1882）早在1839年就提出了这样的问题：是有机体的总体决定了它的组成单位即细胞的生长和发育，还是正相反，是细胞的基本力量决定了有机体？他选定了后一种看法。

我们不妨首先考察形态学的陈述。“所有有机体都由细胞组成”这种习惯性断言，如果是以绝对肯定的方式表达的，那它就是不正确的。复杂的原生动物，例如纤毛虫，长期被称为“非细胞”动物。例如，草履虫在它的单细胞器中显示出了类似于高等有机体中作为多细胞系统的器官：细胞嘴和肛门，有收缩性的结构和神经原纤维结构，运动的器官，等等。因此，单细胞有机体的细胞只与作为整体的多细胞有机体类似，而与多细胞有机体的个体细胞并不类似。事实上，大自然已多次做了创造没有细胞分化的较大有机体的实验。*Siphoneæ*，一群绿海藻便是例子。海生物种通常有几米长，具有蔓延的“茎”、细细分叉的“根”，以及各式各样羽状和圆齿状的“叶”，但这整个有机体是由单个巨大的多核细胞构成的。确实，这样的形态是非常稀少的。这表明，在大自然中，这种非常规细胞的设计显然是经不起考验的。细胞的分化提供了重要的功能性结构，尤其造成了细胞表面得到大发展的优势。由于细胞的物质交换是在其表面进行的，所以与细胞组织相比，非常规细胞组织处于不利地位，是可以理解的。细胞分化还促进了功能的分化；而另一方面，细胞膜和植物细胞的充盈，起着重要的力学作用。这些思考使我们能够理解自然界为什么顽强地表现出细胞结构向更高级的组织形态进化的天性。但是，甚至较高等的动物有机体也并非无例外地由细胞构成。非细胞形态的其他结构随处都有，例如，没有组织成典型的细胞但形成多核团块的原生质（原质团和合胞体），肌肉纤维，神经纤维和结缔组织的纤维，基质或细胞间质①，体液，等等。因此，不能简单地称比较高等的有机体为“细胞群体”。

这些类似的考虑也适用于细胞理论的其他两方面问题。多细胞有机体的发育不是诸细胞活动的总和，而是胚胎作为一个整体

① 细胞间质（intercellular substance）：细胞与细胞之间的物质，由各种纤维和无定形基质构成。无色透明的基质含有糖胺聚糖等。软骨细胞外的软骨基质含硫酸软骨素；硬骨细胞外围的硬骨基质含磷灰石。——中译者注

的活动，无论单细胞阶段还是多细胞阶段，都是如此。这种整体的胚胎活动表现为调整、确定和形态发生活动（第46—47页，第63—65页，第69页）。从生理学上看，有机体的整体决定细胞的活动，而不是细胞的活动决定有机体的整体。功能的分化不是由细胞决定的，而是由器官决定的，这里的器官可以是细胞的某些部分，可以是细胞，也可以是细胞的复合体（Heidenhain）。

4. 组织的一般原理

我们所思考的有机体的组织结构，是一种不仅普遍存在于生物学领域，而且也广泛存在于心理学和社会学领域的典型模式。这种模式可称为等级秩序（hierarchical order）。伍杰[①]运用数理逻辑对等级秩序的原理作了规定。

可以用这样的例子来说明抽象意义的等级秩序：把一个方块分成四个小方块，再把每个小方块分成四个更小的方块，等等。这意味着，事物W处于与项或“成员”M的关系R中，而这些项或“成员”与更小的项或“成员”又处于关系R中。在上面所举的例子中，R表示这样的关系：“是上一个层次成员的四分之一部分”。一个“层次”（level）就是一类成员，它们使W处于R的同一“势力范围”之内。伍杰举出了以下的生物学实例。

Ⅰ. 分化等级，即从细胞的分化及其派生细胞中产生的细胞的四维秩序。关系R（d）在这里表示为“直接派生细胞”。W代

---

① 伍杰：《“有机体概念”与胚胎学和遗传学之间的关系》（The “Concept of Organism” and the Relation between Embryology and Genetics），1—3，《生物学评论季刊》（*Quart. Rev. Biol.*），5/6，1930—1931年。——《生物学中的公理方法》（*The Axiomatic Method in Biology*），剑桥，1937年。

表母细胞；细胞第一代、第二代……，代表等级的第一层次、第二层次……

分化等级有两类：（a）这类中所有成员即细胞，是独立的有机体（原生生物）；（b）这类中只有第一个成员即受精卵代表独立的有机体，而所有其他成员保持相互联系，由此形成有机整体（多细胞植物和动物）的各个部分。

Ⅱ．在Ⅰ（b）中产生多细胞有机体的空间等级，这个空间等级由各个部分的等级秩序构成，这些部分连接成逐级上升序列的系统。这里W代表整个有机体，M是有机体的组分，R（s）代表一个组分对应于下一层次某个组分的组织关系。

在所谓有机系统的“部分”中，应区分两类“部分”。一类是“组分”，它是各个部分的集合。相对于部分而言，组分处于关系R（s）中。因此，细胞核、细胞、组织和器官是组分，我们可以区分为：（a）构成细胞的组分，（b）细胞，（c）由细胞构成的组分。另一类是“成分”，它是处于空间等级之外的部分，即它不能分析为更小的组分，例如软骨或骨的基质，结缔组织的小纤维，血浆，蛋黄，分泌颗粒，等等。成分总是“死的”。

然而，关于“成分”的定义似乎太局限了。处于细胞分化等级之外的，不一定也处于有机体空间等级之外。因此，例如结缔组织的细胞间质不是分化等级的成员，即它处于关系R（d）之外，但它的部分可以分析为有等级层次的组分，诸如不同层次的纤维系统，小纤维，胶团的组合，等等。正如海登海因（Heidenhain）的组织系统概念所表明的（第45页），不仅细胞组分和细胞，而且由细胞构成的组分，都具有分化的能力。其次，细胞间质和其他形成物并不处于组织关系R（s）之外。除了细胞以外，细胞间质也是更高层次组织结构的必要组分。尤其在植物中，我们可以发现许多“死的”结构，诸如细胞膜、软木、管胞和导管等。然而这些是“活的”有机体的必要组分。化学的和无机的部分，诸如水、激素、离子，即使当它们不是细胞的组分而是处于体液中时，也必定属于有机体系统，即它们共处于关系 R（s）中。尽管细胞是自主生命的最基本的单位，但多细胞有机体不单是一种细胞等级体系。

这些思考对于判断组织学中有很大争论的问题即细胞间质的意义问题是重要的。动物有机体的支撑组织——结缔组织、软骨、骨、牙质等——存在于很大一部分细胞间质之中，而诸多细胞则嵌于细胞间质之内。这里我们介绍两种对立的观点。第一种观点认为，应当把这些物质看作细胞的死的分泌物，而只有细胞才是活的；第二种观点认为，细胞间质是由活的原生质变化形成的，“活团块”（living mass）这个概念得以保留，它不仅包括细胞，而且包括细胞间质。冯·贝塔朗菲（1932）指出，从机体论概念的观点看，第一，细胞间质的生长和形态发生不足以断定它们的自主“生命”；第二，它们的形成不是个别细胞活动的总和，而是整体（通常是同体原生质、组织）的统一活动；第三，活团块的概念应考虑用系统概念来代替。在有机体的等级秩序中，首先是细胞，然后是组织，是“活的”；并且在组织的结构中，细胞间质起着类似于细胞膜或小纤维在细胞中的作用，就其本身而言，它们也不是活的，但它们属于细胞系统，它们作为一个整体是活的。组织学新近的发展，尤其是赫泽拉关于细胞间组织的学说（Huzella，1941）证实了这种机体论观点。传统的细胞理论是片面地根据对个别细胞的结构和功能的研究而建立起来的，它不能解释确定结构的统一整体与和谐的协同活动是怎样从由卵细胞分化而成的细胞聚集形态中产生的。另一方面，“极权主义的”（totalitarian）概念作为第一种观点的对立面出现。它忽略细胞的个体性，把细胞、细胞间质、小纤维等，看作“活团块”的合胞体的原生质连接体。与细胞理论相一致的是，细胞间组织理论强调细胞是最基本的自主生命单位，它拒绝活团块的概念和细胞外原生质的概念。然而，细胞间结构是有机体整合和整体性的重要基础。无生命的细胞产物，就其本身和它们非间断的连续性而言，在活细胞之间的关系中起着介体的作用。按照赫泽拉的看法，小纤维和细胞膜的“弹性运动系统”，在个体发育和系统发育的早期阶段，表现为嗜银纤维（即由于硝酸银而坚韧的最细的小纤维系统），它除了具有作为支撑系统的功能之外，还起着迄今未知的建构和整合作用。它形成了细胞得到保护的生活环境；它是营养物质和液体的仓库，是细胞间关系的介体。它为细胞的有序排列，进而为形态发生提供了构架。模型实验已表明了嗜银纤维系统的细胞外起源、无生命性质和形态发生作用。小纤维和膜结构可以从结缔组织的萃取物中产生，既能够依靠细胞而生存，也能够像组织培养那样在体内生存。用适当的盐溶液与小纤维物质的溶液混合，以形成结晶，由此可以产生晶体的小纤维骨架。然后将这种纤维状物加以冲洗以消除其中的盐，用它作为培养组织生长的构架，这时它可以依靠活细胞而生存，形成最初的晶体排列。最后，细胞间的系统是生理整合的基础。例如，它能解释功能性适应，因为机械张力使小纤维按一定方向形成。在伤口愈合过程中，伤口充满液体，是由发炎和溶液中某些小纤维物质酸化造成的；后者产生小纤维的构架，用以作为重新长出肉芽组织的细胞的移动路线。因此，应当按照细胞间组织理论的观点修正细胞病理学。疾病的原因不能完全被归结为个体细胞的紊乱，它在很大程度上是由细胞间系统的紊乱引起的。例如，在恶性肿瘤的渗透生长过程中，细胞间系统的紊乱起着重要作用，在结缔组织中形成的小纤维大量地围住癌，助长和加剧恶性细胞的侵害。

Ⅲ. 伍杰所分析的等级秩序的第三种情况是遗传等级体系。这里，受精卵代表第一层次，连续几代的后代代表下几个层次。关系 R（g）表示“是直接的后裔”。可是在两性繁殖中，遗传等级体系只是更复杂的秩序系统的一个方面，因为受精卵处于双亲的关系 R（g）中，该秩序系统具有网络的特征。

Ⅳ. 海登海因已表述了类似的组织原理。[①]在他看来，有机体是由组织系统构成的，这些系统按圈形上升秩序排列，上层的系统包括了下层的系统。例如，在神经中，下面的组织系统被“囊括”进另一个系统中：最低层次是神经原纤维，接着是神经元，最后是宏观神经。组织系统根据它们经分化而增殖的能力加以区分。经分化而增殖的过程不仅适用于诸如染色体、核、叶绿体等细胞组分（当然也适用于细胞），而且适用于组织的细胞系统。当这样的组织系统在分化之后没有彼此分离而保持着联系时，它们形成了越来越高等级的系统。腺单位或腺节是个例子。分化之后并没有完全分离，它们表现出逐渐的分叉，由此最终导致腺之树的形成。在许多腺类型器官（诸如绒毛、味蕾、肾脏等）中，可以发现这种“分化和综合”的原理。这个原理也适用于植物的叶，按照海登海因的说法，叶的各种各样的形状可以根据几何构造推知。

Ⅴ. 有机体不仅表现出形态学的诸多部分等级体系，而且表现出生理学的诸多过程等级体系。更准确地说，一个有机体并不表现为可以用形态学粗略描绘的一种等级体系。相反地，它是一个含有许多方面交织、重叠的多个等级体系的系统，这些等级体系既可能与形态学等级体系的层次相一致，也可能不一致。例如，

① 海登海因：《生命界的形态和功能》（*Formen und Kräfte in der lebenden Natur*），柏林，1923 年。

有可能在动物的活动行为中发现以下几个层次。第一，在肌肉中发生的物理–化学反应；第二，由此发生的肌肉收缩；第三，往返于脊髓中某些神经中枢的简单反射；第四，大群肌肉的复合反射，例如链反射，合作肌和对抗肌的活动，等等；第五，趋激性反应，即这样一种反射活动：躯体一侧的运动器官受到外界影响后，有机体转向针对刺激来源的一个确定位置；第六，受神经系统最高中枢的控制和统辖的整个躯体反应，它们协调所有的单个活动，并且还能把这些活动与以前的经验联系起来；第七，依存于超个体单位的社会性反应，例如，昆虫群体中的个体活动。

过程等级体系不像形态组织那么严格。如果某个过程影响形态学方面的某种确定的组分，过程等级体系可能与形态组织相对应，但并不必然如此。某些组分，例如，胰腺的大部分组织和胰岛一起构成一种较高级的组分，构成称为“胰”的器官。但是，就其他关系而言，一个组分可以与形态学上相距很远的另一个组分协同作用，由此形成更高序列的功能系统。例如，胰岛细胞与肝脏协同作用，依靠胰岛素调节肝脏释出糖并输入血液。

这种见解是相当重要的，因为它导致这样的结论，即有机体内存在着并不构成形态学单位的“器官”。鉴于传统解剖学以形态结构为基础，现代解剖学则偏重从“功能系统”（Benninghoff）方面进行描述。行为系统，诸如由骨、肌肉和神经组成的运动系统，只有从它们的相互作用方面考虑才可理解。甚至可以说，现代解剖学最重要的进展，就在于发现这样的功能系统，例如由阿绍夫（L. Aschoff, 1866—1942）和其他人发现的网状内皮系统和心脏起搏点系统。

Ⅵ. 等级秩序更重要的一种类型可以称为**等级分异**。我们可以在胚胎发育中看到这种最明显的例子。发育卵，最初表现为一元系统，后来逐渐分异成个别的“域”，先形成器官的复合体，随后形成个别器官、器官的部分，等等。因此，外胚层和内胚层是在作为一个整体的胚胎内形成的。在外胚层中形成了预定的表皮部位和髓板；在预定的髓板里形成了脑和脊髓部位；在脑的区域则形成了眼睛的原基，等等。用等级秩序的术语说，这里事物 W 对应最初的一元的卵，下面的层次对应第一、第二……的分异序列。值得注意的是，分异并不与分化等级中的细胞组织相一致。就镶嵌卵（第 65 页）而言，分异出现在尚未分裂的卵内；就调整卵而言，分异是在多细胞复合体内出现的。由于发育卵通过分异再分成细胞的组分，因此并没有出现决定各个部位未来结局的因素；更确切地说，这些因素是决定一组细胞变成某种组分的动力前提。例如在调整实验中，细胞的切除、移位、附加等并不改变器官原基的分异，则表明了这点。

分异等级体系是生物领域的主要特征，也是心理领域和社会领域的特征。物理系统的等级秩序是由最初分离的系统整合为更高级的单位而形成的，例如，在晶体中表现为空间点阵是由原子整合而成的。与此相对照，在生物领域里，原初的整体会分异为子系统。在胚胎发育过程中可以发现这种情况。系统发育过程也是这样，有机体的逐渐分化意味着最初在单细胞中联合的生命功能，分异为摄食、消化、对刺激的反应、生殖等独立的系统。在心理学领域也有类似的情况。传统的联想心理学（第 200—201 页）假定最初感受到的是对应于个别感受器要素的兴奋（例如视网膜的兴奋）的个别感觉，然后将这些个别感觉整合成可看到的形状。可是，现代研究表明，很可能最初感觉到的是未分异的、可以说是不定形的整体，而后这种整体感觉才逐渐出现分异。比如，病理学的例子表明了这点。就脑神经中枢损伤后正在恢复的病人而言，视觉上最初再现的并不是单个感觉：一个点状的光不会引起一个发光点的感觉，而是引起一种模糊的限定亮度的感觉；然后才是对形状的感知，最后是逐渐恢复的对发光点的感知。与胚胎发育类似，视觉的恢复是从未分化的状态发展到分化的状态，而知觉的系统发育的进化可能也是如此。

Ⅶ. 等级秩序的一般概念需要从各个方面加以完善。

首先，有机系统中相互作用的密切性有不同的强度。在原始的后生动物中，例如在腔肠动物中，细胞表现出很大的独立移动性和吞噬活动。与之相对照，我们在高等动物中发现细胞和组织对于整体具有严格的从属关系。我们可以称这种关系为逐渐整合。我们进入有机体的层次越高，孤立部分的行为与它们在整体中所表现出来的行为越是不同；与整个有机体表现的行为相比，这些孤立部分的行为更加不同。

高等动物主要有三个整合系统。第一，体液，它在组织和器官中分配营养和氧，同时为细胞的活动提供最适宜的内环境。第二，激素，它以特定的方式从化学上调节各种功能。第三，神经系统，它不仅是对环境的刺激作出反应的机构，也是有机体整合的机构。

逐渐整合与各个部分的逐渐分化协同进行，而部分的分化同时意味着专一化，从形态学上说，可称为“分工”。我们可以在最简单的单细胞有机体中，也可以在最高等动物中发现新陈代谢、生长、应激性、繁殖、遗传等基本活动。可是，阿米巴的所有这些基本的生命活动过程是在单个和同一的系统即它的细胞原生质内进行的，而在较高等的有机体中，这些过程分散在不同的器官和系统中进行。唯有专一化才使有机体各种功能的增强和完善成为可能；但另一方面，专一化必须为此付出代价。

逐渐分化同时意味着逐渐机械化，即原初统一的活动分裂成诸独立的个别活动，从而失去了可调整性。当某些部分获得比较专一的功能时，便会失去调整能力，即丧失对付突然事件的其他功能。因此，失去某一些部分，就会造成无可修复的损坏。这个原理，可以通过社会学的类比得到最好的说明。在野蛮时代的原始公社里，每个人同时是农民、工匠、战士、猎人。只有当行业团体的成员实现专业化时，才有可能取得文化技艺的进步。但这时，专业人员变得不可替代，同时他在自己日常职业之外比原始的个人更加无能。因此，鲁滨逊在荒野中所显现出的可怜相更甚于其仆人。他之所以能凑合着生存，是因为幸亏老天将各种各样的文明物冲上岸供他使用。生物领域里也是如此，发育过程中胚胎部位的逐渐确定，以及神经系统中随着神经中枢的逐渐分化和固定，可调整性减弱，都表明了这点。同样，就有机体对不同环境的适应性而言，也只有通过有机体自身内的分化和特化，才可能得到发展。有机体必定会因为机械化而付出代价，即各个部分固定地具备单一功能，由此丧失遭受扰乱后的恢复能力。

而且，随着逐渐分化，某些部分获得比其他部分更多的优势。与此相关的是逐渐*集中化*。于是我们在发展程度较高的等级体系中发现队列秩序原理和各个部分的从属关系（A. Müller）。整合所特别依赖的“中心”器官，在细胞中是细胞核，在高等动物中是神经系统。当然，有机体不像军队那样表现出明确的队列秩序，而是多种多样和相互作用的秩序模式的复合体。例如，我们可以把脑看作神经中枢的主导器官。但是，如果心脏停止跳动几秒钟，脑立即会变得不能活动。我们也不能认为心脏是维持生命所必需的最重要的器官，因为当肝脏不能释放出心脏活动所必需的糖时，心脏就停止跳动了。反过来，肝脏又依赖于心脏的正常活动（von Neergard）。

队列秩序和“主导部分”的原理也是一个普遍性的原理。它不仅适用于形态组织，也适用于其他许多领域。例如，胚胎发育是由某些区位即组织者控制的。有机催化剂也显示出队列秩序

（Mittasch）：开始是最专一地适应进行单一反应的酶；接着是生物催化剂，诸如，植物的生长物质，或动物的组织者物质，这些物质调节不同范围的复合过程；最后是指导式的生物催化剂，诸如许多激素，它们在很大程度上影响了整个有机体的心理–物理状态。同样也存在基因的队列秩序：从控制单一的、通常也是微小的性状的基因，到以比较广泛的多效性（第 78—79 页）影响大量性状的基因，最后到指导许多其他基因活动的“上级”或“集合”基因（E. Fischer，Pfaundler）。属于“上级”或“集合”基因的，有决定性别的基因，这些基因控制脊柱的遗传变化，于是不仅引起骨骼系统的相关变化，而且引起肌肉系统、神经分布等的相关变化（Kühne）；属于“上级”或“集合”基因的，可能还包括控制人类体质类型的基因。

与集中化原理相联系的是生物个体性问题。

5. 什么是个体?

我们用显微镜观察一滴池塘水中的微生物，很可能会沉思这样的问题：什么是“个体”？这个问题看似有点多余，实际上是深奥的和难以解答的。我们看到一滴水中活奔乱窜的微小而透明的生物。绿色的像锭子形状的生物用长长的鞭毛推动自己在水中前进，拖鞋形状的生物更是自在地甩动纤毛游动着。阿米巴，无定形的原生质微滴，在泥浆中爬行。

显然，一条鱼、一只狗、一个人都是个体。我们借此意指它代表一种处于空间和时间中，具有与其他种类相区别的行为，以此经历着确定的生命循环的生物。但是，在单细胞有机体中，个体概念变得模糊不清了。单细胞生物世世代代仅以分裂的方式进行繁殖。个体意味着某种“不可分”的东西；既然单细胞生物事实上是“可分的”，而且它们恰恰是通过分裂而繁殖的，那么我们怎么可以称这些生物为个体？这同样适用于以分裂生殖和芽殖的方式进行的无性繁殖，正如我们在许多低等的后生动物中所见到的。在实验的证据面前，“个体”这个词变得不适用。当一只水螅或一只涡虫纲蠕虫可以被我们任意切割成许多片段，每个片段都能生长成完整的有机体时，我们能坚持认为这些动物是个体吗？用淡水珊瑚虫做实验，也证明“个体”的概念是极其模糊的。将珊瑚虫的前端切开，很容易产生双头珊瑚虫。以后两个头发生竞争：如果捕获水蚤，两个头会为了战利品而发生争吵。虽然哪个头吃掉水蚤完全是无关紧要的，无论如何它总是落进共同的肠子，在那里被消化，而有机体的所有部分都由此受益。这里，我们一定要说清楚是“一个”还是“两个”个体的问题，变得毫无意义。然而，当双头动物或者分裂成两个，或者融成一个时，大自然也就回答了这个问题。

个体的概念即使在比较高等的动物中，至少在其发育的早期阶段，也成问题。不仅分割成两半的海胆卵都可以发育成完整的动物（如杜里舒实验所表明的），而且分割的蝾螈卵也可以发育成完整的动物。此外，“个体”甚至可以由取自不同物种的诸部分装配而成。例如，施佩曼（H. Spemann，1869—1941）将两个只剩下一半的原肠胚融合起来，产生出一个发育得很好的蝾螈，它的一侧是有条纹的，而另一侧却是条纹状和冠状交杂在一起的。

最后，从体质的观点来看，甚至人的个体性有时也成问题。同卵孪生儿来源于单一的卵，这个卵在胚胎的早期阶段发育成两个“个体”。人们都知道，同卵孪生儿不论其身体特征，还是其精神特征都有惊人的相似。在一对犯罪的孪生儿中，可以发现兄弟俩犯罪的性质和犯罪的时间有着惊人的一致。

因此，从自然科学的观点来看，我们只能在这样的意义上谈论个体，即系统发育和个体发育的过程中发生逐渐整合，有机体的各部分逐渐分化和失去独立性。严格地说，不存在生物学上的个体性，而只有系统发育的和个体发育的逐渐个体化，且这种逐渐个体化是以逐渐集中化为基础的，某些部分取得主导的地位，由此决定着整体的行为。无论在发育过程中还是在进化过程中，个体性是可以接近但不能达到的限度。

随着个体化，死亡进入了生命世界。经验表明，高等动物中出现的复杂和整合的系统，不能以与低等生物原始的“分开”方式相对的分裂进行繁殖，因此它不能无限度地存在；由于自然的消耗，它们趋于衰老和死亡。用死亡的术语给个体下定义，并非不恰当。整合系统尤其是中枢神经系统的集中化趋向，与生殖器官的分裂趋向之间，存在着直接的对抗（A. Müller）。完全的个体性，即集中化，会使繁殖成为不可能，因为繁殖以新的有机体的建构出自老的有机体诸部分为先决条件。此外，恰恰是最重要的中枢系统——大脑和心脏在衰老的自然过程中最先衰弱，所以它们是关乎死亡的器官。

因此，生物学上的个体概念只能被定义为有限度的概念。确实，它来源于一种完全不同于科学和客观观察的领域。只有在作为不同于其他生物的我们自己的意识中，我们才能直接意识到个体性，但在我们周围的活机体中，我们是无法严格定义这种个体性的。

6. 超个体组织的世界

我们见到的有机体是在空间中独特的实体。可是，它们是更高级的生命单位的成员。就时间方面说，还存在着物种的单位。每个有机体由它的同类有机体所生，并且它自身又会产生新的有机体；因此，每个有机体是超个体单位的成员。而且，就空间方面说，生命的等级体系并不终止于有机体，还存在着更高级的单位。

属于更高级生命单位的首先是同一物种的有机体的联盟，例如动物的群体。典型的例子是管水母、浮游群体的水螅虫，它们形成巨大的类族，这些类族由分化成摄食、触手、浮囊和繁殖的单位的大量珊瑚虫所构成。这种情况在动物王国中几乎是独一无二的。但是，空间中分离的有机体也可能有超个体的组织，如蚁、蜂、白蚁的昆虫社会。不同社会等级的动物，如职虫[①]、雄性与雌性、兵蚁，看来好像是昆虫社会的从属“器官”，这些“器官”很像聚合在一起的管水母群体中的各种珊瑚虫。特化动物为保持整体的生存而起协调作用的功能，正如有机体内各个细胞和器官的功能。蜜蜂在交配季节的飞舞中，在成群飞行中，在产生新蜂王的过程中，整体决定了蜂巢中个体的活动，这种令人赞叹的整体的“目的性”远远超过任何个体可能的预见。整体由此得以维持和再生，例如，蜂王死后，新蜂王又从蜂巢中产生。因此，整体性的所有标准，都适用于昆虫社会。系统发育导向组织化程度最高的动物社会的趋势，可以与导向更高等有机体的趋势相比拟；在昆虫社会中我们也发现，伴随着向越来越高级和分化程度更高的组织的进步，出现了最初的松散性集合。

① 职虫指工蜂、工蚁等。——中译者注

不仅相同有机体的联合，而且不同物种的联合都可以形成有序性更高的系统。下面，我们来谈谈共生现象。共生现象也有一系列的阶段：从松散地生活在一起，如寄居蟹和海葵[①]，到非常密切地生活在一起，如较低等的有机体通常寄生在较高等的动物特别适应的器官内。生物学证明了细胞内共生现象的广泛分布和重要性，有各种形式的共生现象，例如，营养和呼吸的共生现象，发冷光细菌的共生现象，等等。在某些情况下，一个新的有机体来源于两个不同有机体的共生，例如地衣是水藻和真菌的共生现象。

从由同种有机体的联合而形成的生命单位，或不同物种的共生现象，我们进到了更高级的系统。某一区域中的动物和植物群落（生物群落），诸如一个湖泊或一片森林，并不只是许多有机体的聚集体，而是受确定规律支配的单位。生物群落被定义为“在动态平衡中维持自身的种群系统”（Reswoy）。

最高单位是地球上的整个生命界。如果一群生物体被消除，那么整个生命界必定会达到新的平衡状态或平衡被破坏的状态。只有绿色植物能够利用太阳辐射，将无机化合物合成有机物质。只有各种微生物群体相互合作，才能保持生物元素的循环。相似地，非常特殊的化合物，诸如对于动物的正常功能必不可少的维生素，只能由植物产生。生命之流只有在所有种群的有机体之间连续的物质流中才能维持。

正如弗里德里希（Friederichs）、沃尔特里克（Woltereck）、蒂内曼（Thienemann）和其他人表明的那样，生物群落的理论属于那些整体性概念已应用了很长时期的领域。这里要谈的只是生

① 海葵：腔肠动物门，珊瑚虫纲的一目。触手以六为基数，在口周排成数轮，在海水中伸展时，形如葵花。有的着生在贝壳和蟹螯上，成为共生的著名例子。——中译者注

物群落理论的一般要点。

生物群落是由相互作用的组分构成的系统，由此显示出系统的特有性质，例如彼此相互依存，自我调节，对扰乱的适应，趋近于平衡态，等等。然而，生物群落整合的程度与有机体相比较，毕竟还较低些；它们是松散的、非集中化的单位。它们的发展取决于外界条件，而有机体的生命周期却是由内部条件决定的。因此，生物群落完全可称为系统，而不能像人们通常所说的那样称之为超级有机体（super-organisms）。

在生物系统中，生物群落受严格的定律控制。事实上，种群系统的数学理论、生存斗争的数学理论、生物平衡的数学理论（Lotka，Volterra，d'Ancona，等）属于数学生物学的最先进的领域，虽然实验迄今还没有完全与这个领域的理论同步发展。由单一物种构成的种群的生长定律，由若干物种构成的居群（共存于争夺食物的生存斗争中或捕食与被捕食的关系中）的生长定律，都能由此而得到表述。

适用于生物群落的整体性概念，不仅具有理论意义，而且具有很高的实践价值。未开发的自然界处于生物群落平衡的状态。虽然，每一小片看起来平静的森林或池塘中都进行着生存斗争，但是，植物和动物、被捕食的动物与捕食动物之间保持着平衡。没有哪个物种能够无限地增长，因为每个物种都有自己的天敌。但是，只要不发生遗传变异或环境变化，没有一个物种会灭绝。如果人们粗心大意地干预了生物平衡，这种状态就会发生改变。他耕作土地，造成只由一种植物构成的群体，例如单调的松树林；他无意地从地球的其他地方引入了当地没有天敌的害虫。这会导致生物平衡的严重扰乱。害虫如果没有天敌的控制，就会无限制地增长，造成完全毁灭大面积种植园的灾害。对害虫的生物控制，即用引进害虫的天敌的方法恢复生物平衡的惊人成果，表明了生物平衡理论的实际功效。

在这方面，饶有趣味的是，机体论概念适用于完全想象不到的领域即森林。莱梅尔从冯·贝塔朗菲的机体论概念中引申出永续森林（*dauerwald*）的观念，即避免森林清空原理和尽可能保持天然生物群落原理（Lemmel，1939）。[①]

种群生长的定量定律也具有实用的价值。就人类而言，一个由单一物种构成的种群的增长，会形成社会政治的基本问题。确实，数学生物群落学是受马尔萨斯（T. Malthus，1766—1834）的人口增长学说的影响而发展起来的。流行病的周期律可以看作人、病原体和载体之间的生物平衡，它是卫生学上很重要的规律。环境因素或种群系统自身的动力学因素引起动物数量周期性涨落，这些问题对于狩猎、渔业、农业和林业来说，具有经济上的重要性。

可是，从哲学上考虑，可以提出一个深刻的问题。把一个生物群落视为统一的系统，这合理吗？难道这个系统中的成员没有卷入不断地消灭或被消灭的斗争？这就引出了哲学的终极问题。用罗克斯（Roux）的话来说，各个部分持续不断的斗争，在所有生物系统中——无论是在有机体中还是在生物群落系统中，都是剧烈的。不仅在“分离的”生命系统，诸如生长中的珊瑚虫之中，各个组成部分为争取养料而发生竞争；在所有生命系统中都是如此。因此，在饿瘦了的动物中，较少具有生死攸关重要性的组织被消耗掉，以维持更重要的组织；在再生和变态[②]过程中，不太重要的组织为维持整体而无畏地牺牲自己；甚至在正常发育中，诸部分的分化生

① 近来美国林学界极力主张相同的原理，以弥补滥伐森林造成的灾害性后果。——作者对英文本的注释

② 指形态发生变化。——中译者注

长，作为形态发生的一个基本过程，也是由各部分之间争夺养料而造成的。因此，由各部分竞争而形成的统一体存在于每个生物系统中，即有机体和超个体的生命单位中。这反映了一种可以追溯到赫拉克利特（Heraclitus，约公元前500年）和库萨的尼古拉（Nicholas of Cusa，1401—1464）的深刻的形而上学观念：作为一个整体的世界及其每个个别的实体，都是一个对立的统一体，即*coincidentia oppositorum*①；然而，这样的统一体在它们的对立和斗争中构成和保持了一个更大的整体。这些生物学事实展示了神正论②的古老问题：（整体）③由于个体化而分为各个竞争部分，世界上的罪恶由此产生，而这些竞争部分的斗争意味着个体的湮灭和整体的逐步实现。

① 拉丁语，意谓：对立统一体。——中译者注

② 神正论（theodicy）亦译“上帝正义论”，认为现存世界的一切罪恶和不公正现象都是必然的，但这无损于创世主的“全能”与“至善”，并且这一现存世界是一切可能世界中最完善的世界。——中译者注

③“整体”一词为中译所加。——中译者注

费希纳，德国心理学家、心理物理学创始人之一、美学家和哲学家。
贝塔朗菲博士论文的研究内容与费希纳密切相关

第三章

生命过程的整体概念

• The Unitary Conception of the Processes of Life •

胚胎发育：对机体论概念的探讨——基因：粒子与动态——进化Ⅰ：西藏喇嘛教祈祷轮——进化Ⅱ：偶然性和规律——进化Ⅲ：非科学的插曲——生命的历史特征——神经系统：自动机或动态相互作用

贝塔朗菲在本章论述生物进化问题时提到的古生物大角鹿，生存于更新世及全新世早期的欧亚大陆。古生物学界一般认为，这种雄性鹿的角长得越大，越有利于在种间斗争中抵御猛兽的攻击，也越有利于在种内性选择中吸引更多雌性交配，从而使这种优势性状在繁衍的后代中得以保存和发展；但鹿角的过度发展会妨碍行动，最终导致有害于本物种生存的后果

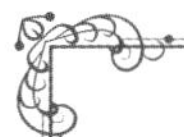

总有一天，机械论和原子论概念在人们聪慧的头脑中完全被推翻，所有现象都显现为动态的和化学的现象，从而进一步证实自然界的神圣生命。

——歌德:《日记》，1812

1. 胚胎发育：对机体论概念的探讨

一小滴几乎均一的原生质中就会产生动物的奇妙结构，它有几万亿个细胞，无数的器官和功能。在胚胎发育的神奇过程中，我们碰到一个重要问题，这个问题从古代起就一直是有机生命理论和哲学的中心。

可以说，机体论概念今天已成为胚胎发育领域里的普遍性观点。但是，由于机体论概念成了传统的机械论和活力论之间斗争的主要焦点，又由于后来的小规模争论的消息到目前为止似乎还没有传到哲学家那里，所以这里最好还是简短地介绍这场争论的主要情况。

本作者最早提出与胚胎发育问题有关的机体论概念，随后，这一概念便成了理论生物学中最有争论的阵地。他的著作《现代发育理论》（*Modern Theories of Development*，1928，1934），试图通过研究不同的概念，作出几种选言判断，并详尽地探讨这些选言判断的逻辑可能性，从而确定生物学理论的必然方向。

从现代科学的黎明起，就出现了两种解释奇妙的发育行为的基本概念，称为“预成论”（preformation）和“渐成论”（epigenesis）。这两种理论发源于17世纪生物学开始时期。老预成论者假定，人或动物有机体早就以缩微的方式存在于卵或精子中。像花朵出自花芽，蝴蝶出自蝶蛹，卵或精子中的小人和小动物只需要经过展开和扩大，就可以形成发育成熟的有机体。显微镜刚发明时，有人就绘制了一些奇怪的图画，画上一个微小的人体蜷缩在精子里，甚至头上戴着睡帽。显微镜技术的改进，不久揭露了这种看法的错误。卵和精子只有很少几种结构，而发育成熟的有机体肯定不止这些结构。因此，渐成论学派乞求形成动因或形式因，认为形成动因使受精卵无定形的团块产生出有机体。当然，古典形态的预成论和渐成论是相当幼稚的。然而，它提出了解释发育的两种基本图式，这两种图式至今仍未失去其意义。预成论断言，如果有机体不是在卵中预先形成的，至少有机体各部分的原基是如此。渐成论则认为卵原来就是未分化的。

这样，我们看到了第一个逻辑选言判断：或者是预成的——有机体可见的复杂形态以不可见的形式早已存在于卵中，以至于它依靠预先存在的原基的分离活动而发展起来；或者是渐成的——有机体可见的复杂形态是逐渐从发育过程中产生出来的，这是胚胎作为一个整体的活动结果。

第一种可供选择的观点表现为魏斯曼提出的现代预成论（1892）。按照他的看法，在受精卵细胞核中存在着不同组织和器官的原基或“定子”（determinants）。这些定子通过遗传过程中不均等的细胞核分裂，逐渐在那些产生于卵裂过程中的细胞间进行分配。最后，每种细胞只包含一种定子，定子将自己的特征赋予组织和器官。

魏斯曼理论不久便遭到实验发育生理学或发育力学第一个研究成果的反驳。例如，半个胚胎应当只包含定子物质的一半，因此只能产生半个有机体。事实上，在许多实例中，例如在海胆或蝾螈中，完整有机体是由半个分裂的胚胎发育而成的。一般说来，细胞在调节[①]、移植、再生等活动中的作用远远超出它们在正常发育中的作用。因此，并不像魏斯曼假定的那样，胚胎的细胞和

① 英文为 regulation。在某些语境中（如杜里舒的学说中），该词被译为“调整”。——中译者注

部分对于一定的发育活动是固定的或预成的。胚胎的细胞和部分的发育“潜能”一般也远远大于它们在正常发育中的实际作用。在胚胎发育的早期阶段和某些限制下，胚胎表现为一个“均等潜能系统”，就是说，每个部分能产生全部的和相同的即完整的有机体。

这导致了第二个问题。在每种特定情况下，何种方式决定了细胞中的何种潜能得以发挥？杜里舒作了原则性的解答：某个细胞的发育活动取决于该细胞在整个发育系统中的位置。这个陈述是对大量实验成果的总结。目前它足以说明早期发育阶段的调整现象：按通常看法，一个海胆卵分裂为两个分裂球，每一个分别产生幼体的右半部或左半部。可是，将这两个分裂球中的每一个加以分离，可以产生一个完整的幼体。如果两个两细胞期的胚融合，四细胞中的每一个仅对成熟幼体的四分之一起作用。

发育或所谓确定的某一程序是怎样建立的？该问题可以用发育生理学的第二个基本原理作出解答。这就是施佩曼的原理：胚胎的各个部分向某种发育结局逐渐确定。这个原理也可以用大量例子加以说明，这里我们只举其中一例。蝾螈胚胎中预期的表皮物质，即正常发育中将形成腹表皮的物质，如果在早期阶段移植到其他胚胎的髓板部位，就会变成脑的部分，反之亦然。可是，到后期阶段，胚胎各部分已确定了下来。当一片预期的髓板被移植到躯体的腹部，则会变成神经系统的一部分或它的派生物之一，诸如畸形的眼睛。

因而，发育并不取决于预成的原基的分配，而是胚胎的各个部分向某种发育结局逐渐确定，这种确定过程受整体的制约。因而，发育在原则上是渐成的，尽管发育并非没有预成特征。发育系统不是完全同质的，而是有差异的，甚至在最早阶段也是如此，至少沿着极轴的两边是有差异的，正如蝾螈胚胎组织者的不可替代性所表明的那样（第 72 页）。

这些论述对动物胚胎行为中特有的差异作出了解释。在一类所谓调整卵中（可以在海胆、蝾螈和哺乳动物中看到这类调整卵的例子），正常的有机体可以从分离的或受其他因素扰乱的卵或胚中发育起来。另一类是镶嵌卵，例如海鞘和软体动物的镶嵌卵，这类卵的一半碎片只产生不完全的有机体。调整卵与镶嵌卵并不是对立的两类，这两类之间的所有转化都已被发现。它们的区分在于，一方面，就细胞分裂的速度比较而言，调整卵确定的速度较慢，而镶嵌卵确定的速度快些。因此，在调整胚中，细胞和区域并不是在早期阶段确定的。如此一来，即使胚受扰乱后，它们也能产生正常的有机体。另一方面，在镶嵌卵中，确定的部位，所谓器官形成域，在细胞分裂开始之前就早已存在了，以至于不能在受扰乱后加以调整。

这样，第一个选择判断的问题得到了解答。发育不是独立的配置活动或发育机器的活动，它是受整体控制的。

现在来谈第二个选择判断。“整体”（whole）或者是不同于胚胎物质系统的、外加的因素，或者是在这套物质系统内固有的。第一种选择是活力论，第二种选择是有机整体性的科学理论。

我们已经看到（第 7—9 页）杜里舒是怎样通过他的实验走向活力论的。在这方面，我们对于从认识论和方法论上反对活力论并不感兴趣，我们关注的只是从经验上对活力论的反驳。

经验表明，确定（determination）所依赖的“整体”，不是在将来要达到的典型结果，而是任何特定实例都能表明的一定时间内发育系统的实际状况。当然，只要确定还没有发生，就存在等终局性（第 148 页以下），即可以从不同的初始条件出发达到相同的最终结果。然而，发育不是在有可能达到最好和最典型结果的意义上“有目的”地进行的，不是由隐德来希按预期的目标指导发育活动。实际上发生了什么，是否发生调整，何时发生调整，怎样发生调整，肯定是由现存的条件决定的。例如，海胆卵二分之一的分裂球产生出完整的幼体，四分之一的分裂球也是如此。从八细胞期或更后期阶段的分裂球的部分发育成完整的形态，还是发育成有缺陷的形态，这取决于现存的或实验上加以组合的细胞物质材料，在一个已知的细胞组合中所获得的结果可以表明这点。可以说，发育过程是以“必然性的无感觉活动”方式进行的，无论其结果是好的还是坏的，是目的论的，还是反目的论的，或是无目的论的。人们也不能坚持认为，隐德来希试图有可能达到最典型的结果，并且由于缺乏可用的物质材料而被阻碍达到这样的目标。例如，如果对蟾蜍施行适当的切口手术，它能在超再生（super-regeneration）中产生六只后腿。显然，这里隐德来希的活动并没有因为缺乏由它支配的物质材料而受到限制；相反，这个过程是由现存的物质材料条件必然地决定的。回想杜里舒的说法，反而可以增强这个论据的力量。按照杜里舒的说法，隐德来希的基本作用之一是潜势过程的“暂停”，意思是它在正常发育中，同样也在调整发育中阻止某些过程，以形成几乎最典型的整体。超再生和其他畸胎清楚地证明了隐德来希的虚弱无能。

因此，对于第二个选择判断，我们可以拒绝这样一个关于要素的假定：这个要素参与胚胎的物质系统，按照将来所要达到的典型结果控制胚胎的发育活动。发育过程呈现的“整体性”是胚胎固有的，而不是超验的。胚胎本来就表现为一个统一的系统，而不是一些发育机器或原基的总和（这是魏斯曼学说和活力论的共同基础，后者只是假定胚胎发育机制受非空间的隐德来希的操纵）。

由此出现了第三个选择判断。胚胎的整体活动或者可以用已知的无生命界的原理和规律来解释，或者用独特的生物界的原理和规律来解释。

第一种观点的综合理论最初是由戈德施米特（R. Goldschmidt，1878—1958）[①]提出的。按照这种理论，发育本质上是以具有催化性质的化学活动为基础的，这种催化活动是由基因启动的，并导致了卵细胞质的分化，而后引起胚胎内细胞各区域的分化。接着，由于物理-化学上的平衡，分化的各种原生质按照一定的模式进行定位，从而通过"化学分化"的方式确定器官形成的区域。直到最初的化学分化确立之后，胚胎才呈现为一个整体的物理-化学系统。因此，在调整卵中，平衡状态在受扰乱后得以恢复，完成调整活动不需要隐德来希的干预。但是，在镶嵌卵中，化学分化发生在很早的阶段，因而受扰乱后不可能进行调整。随着发育的进展，新基因与早已出现的化学分化发生反应，因而比较少量的基因催化剂和器官形成物质能够促发大量反应和形态发生过程。基本的原理是协调反应速度原理：在所有细胞和所有胚胎部位同时进行着许多不同的反应活动；基因活动及其定量的协调化，决定了这些反应活动中哪些过程起主导作用，并由此决定了任何特定部分的发育结果。

现代研究表明，这样一幅图像基本上是正确的，虽然我们还远远不能够确定发育的化学因素和所假定的平衡。基因-激素表明，基因的活动是一种化学性质的活动（第 80 页）。发育的基本过程是由类似激素性质的化学物质控制的，这种类似激素的化学物质表现为施佩曼及其学派所研究的组织者。脊椎动物发育最基本的过程之一——神经系统的形成，是由某个部位即胚孔

① 戈德施米特：《遗传学的生理学理论》（*Physiologische Theorie der Vererbung*），柏林，1927 年；《生理遗传学》（*Physiological Genetics*），纽约和伦敦，1938 年。

的背唇引起的，胚孔的背唇代表未来的脊索和中胚层的原料。将蝾螈胚胎的组织者切片和其他脊椎动物相应部位的切片，移植到不定型的部位，例如未来的腹表皮，会引起不正常的、寄生物似的神经系统和相关器官的形成。这种活动是化学性质的活动。已被弄死的组织者和在非常不同的动物组织中提取的组织者，以及若干化学物质，也会引起神经管的形成，虽然组织者物质的化学性质迄今尚未明确得到鉴定。而且，协调反应速度原理是一种有广泛意义的原理。这个原理最初是由戈德施米特研究性别决定这个比较特殊的问题时提出的，但它普遍适用于对遗传模式的认识（第 80—82 页），并且解释了胚胎发育中的许多过程：逐渐的确定、组织者的作用、与预期意义相反的自我分化、极性、两边不对称的发育、补偿生长、异形化等，最后它还解释了个体发育方面和系统发育方面的生长速率的协调问题（第 102—103 页，第 144—145 页）。

可是，这并不意味着我们可以指望把发育完全分解为物理-化学的因素；与这种指望相反的观点倒是正确的。越不局限于化学因素，问题越集中在发育系统的活组织上。例如，对于组织者活动的化学性质的考察，使问题转移到反应的基质；组织者主要表现为触发器动因，受影响的组织承担形态发生过程的功能。如果我们称卵为“多相胶体系统”（polyphasic colloidal system），我们所说的含义是非常狭小的；化学上确定的“基因-激素”和“形成器官的物质”之间的反应，产生的只是化学上确定的化合物，而不是发育过程中产生的组织化的形成物。

其次，我们在发育过程中发现一些非常神秘的过程，这些过程好像与物理-化学的分化无关。这是出自化学上未分化物质的非常复杂形态的产物。我们在细菌的纯培养中发现好像粘土模子形成的现象。可以说，以前相互独立的、相同的阿米巴细胞服从一种来自未知东西的控制：它们融合成多核的细胞质流，通过有组织迁移，最后构成复杂的、通常极其美丽的孢子囊。在蘑菇中，无规则生长的菌丝，好像要填满不可见的、预定的和每个品种特有的模子，由此形成菌盖。在海绵和水螅中，我们发现了重新整合的独特现象；水螅被割碎而产生的碎片，甚至海绵这种动物被压成纤细的丝状物而分离出的各个细胞，也能通过接合而复原出具有正常形状和组织的动物。在这个过程中，我们并没有发现化学分化、形成器官的物质的分离、平行活动的化学反应链。按照协调反应速度原理，其中某些化学反应链处于有利的地位，因而会在多种反应链的竞争中得胜。我们可以理解分化所造成的结果，即原初简单的几何形态——比如说，球形细胞聚集体——发展成更复杂的形状，因为生长是在生长促进因素所定位的某些点上不断发生的。但是在蘑菇中，这个过程恰好是颠倒的：不是内部分化被转变为更复杂形状的产物，而是原初未分化的、并未表现出内部结构的物质，逐渐呈现为简单的形状。如果我们考察动物的发育，我们通常会发现物质的分化与形态发生活动密切相关。例如，原肠胚的形成、神经管的形成等，就是如此。即便如此，同样的原理仍起作用。几乎同质的物质——神经细胞、肌肉细胞、骨细胞——构成了一种典型的形成物，这些形成物的外形是独特的和特定的，而其内部的细胞排列形式多半是偶然的。形态发生活动似乎是整体的整合活动；就原肠胚形成而论，可称之为“阿米巴活动”，它不是若干单个细胞的活动，而是作为整体的胚胎的活动。

因此，对于物理-化学过程做孤立的研究是必要的，但这仍未解决组织问题和精细复杂的形状如何形成的问题。

我们还可能以更普遍的方式提出假设，用以对发育作出物理-化学解释。我们只可以假定，将特殊现象还原为物理的格式塔规律在原则上是可能的，而不是要求对特殊现象作事实的解释。格式塔意指达到某种平衡并表征物理整体的那些系统（参见第202—203页）。但是我们在此也遇到一些特殊的困难。

胚胎从很少分化的卵发育成高度组织化的多细胞结构，意味着有序的增长，而这种有序的增长是由系统自身的内在因素造成的。从物理学观点来看，这样的行为初看起来似乎是悖理的。物理系统不能靠自身增加它的有序。相反地，热力学第二定律表明每个封闭系统中，有序的衰减是事件的自然过程。这种情况正好在分解的死尸中发生，而胚胎发育则与此恰恰相反。胚胎发育行为首先以存在着向更高有序程度发展的特殊组织力为先决条件，其次以胚胎不是一个封闭系统为先决条件。为了使有序的增长成为可能，必须不断地供给能量，以便用此能量产生有序，而不是按照熵的原理部分地耗散能量。进一步说，胚胎中出现的组织，不能以预成的和结构的方式解释，而只能解释为动态的有序。从能量学观点来看，发育需有功的消耗，做这种功所需的能量是靠储备物质（诸如蛋中的卵黄）的氧化提供的（参见第133—134页）。

胚胎发育的第二个基本特征表现为有机系统的历史特征。这点我们将在后面再谈（第114页）。系统发育趋向的积累，正好在个体发育中得到逐步展开。这种历史特征也是无生命系统所没有的。

于是，最后一个选择判断引出这样的结论：胚胎发育提出的问题，仅仅用已知的无生命界格式塔原理来说明是不够了。相反地，用本作者早先的论述（von Bertalanffy，1928）来说，应当提出“有机体所固有的特殊的格式塔原理”。这个概念不是活力论的，因为它并不假定有任何干预生命界的超验因素，相反地，它排斥这样的因素。但它是机体论的，由于生命系统固有的组织被认为是独特的，所以生物系统的自主性问题是有争论的。

尽管有了大量的实验材料，但目前我们还没有真正令人满意的发育理论。不过，可以说所有现代概念都是刚才所解释的意义上的机体论概念：蔡尔德（Child）的梯度理论，古维奇（Gurwitsch）提出的生物场理论，以及魏斯（P. Weiss）、达尔魁（Dalcq）以另一种形式提出的场–梯度理论，等等。我们不讨论事实和假说的细节，而是要大略地勾画出现代的发育图像，这个图像也许可以被认为已可靠地确立了。

可以用描述的方式来使用胚胎组成部分的"潜能"（potencies）概念，这意味着胚胎的组成部分在不同条件下可能会变成什么被一一列举出来。在这个意义上，例如，外胚层既具有形成表皮和神经系统的"潜能"，也可能具有形成中胚层器官的"潜能"。但是我们必须意识到，潜能的概念并不含有现实的意义。实际上，潜能这个概念来源于亚里士多德的形而上学，它是静态的和二元论的。亚里士多德的潜能概念的含义是在大理石中有许多睡眠着的塑像，雕塑家使这些睡眠着的塑像中的一个变成实际存在的塑像。相似地，有机物质好像也充满"潜能"；"睡着"的有机物质，一些被"唤醒"，另一些则被"抑制"。这种概念被认为是理所当然的：除了由可与艺术家的天才相比的隐德来希来做这样的事，任何其他的见解几乎都是不可能的。然而，当迟钝的化学物质在组织者的作用下完成这样的事情时，或者按照蔡尔德的梯度理论，当仅仅由新陈代谢强度的差异决定了某个珊瑚虫或扁虫的一段是产生头部的不同器官，还是产生后尾更简单的器官时，隐德来希的概念看来就是悖理的。胚胎组成部分的"潜能"这个概念的特征是，它将生物视为本质上惰性的东西，发育的基础表现为死的物质，需要隐德来希艺术家塑造它。

然而，事实上发育的胚胎是一种无休止的动态流。按照协调反应速度原理，各种部位和细胞的所谓"潜能"肯定不是别的，而是在各个部位和细胞中正在进行的不同反应系列的表现。起初，除了沿着主轴线一直存在着梯度之外，这些反应中没有一个取得任何决定性的优势。例如，在蝾螈胚胎中，沿主轴线的梯度表现为组织者的早期确定，它不可逆地决定形成脊索中胚层，而所有其他部位能够产生非常不同性质的器官，在某些实验中甚至超越胚层的界线。在这一阶段，由于轴向差异存在所加的限制，胚胎系统是“均等潜能”的系统。该系统存在着等终局拟平衡（第148—149页）的奇特状态，系统在受扰乱后能回到这种状态。所以胚胎即使在分切、融合或某些部分移位之后，也能产生相同的典型结果。相似地，移植的部分形成“邻近状态”，即按照它们转移的部位发育。

不管怎样，一组确定的反应逐渐地在每个部位中起主导作用。起初，这种反应还是微小的，并且不是不可改变的，即它达到了“不稳定的确定”状态：就正常的发育位置而言，发育活动按照确定的方向，例如预期的表皮的方向连续进行，变成表皮；但这不稳定的确定仍可被另外一些因素改变。于是，另一组反应过程起主导作用，以至于被移植的同一块组织可产生脑的部分。当尚未确定的胚胎组成部分在一般培养基诸如盐溶液中加以培养时，也会产生这样的结果。这部分物质随之形成“自我状态”，即按照其来源发育：外胚层发育成表皮，中胚层发育成脊索、原节、前肾和肌肉纤维，内胚层发育成肠道上皮。但是，微小的、看似很一般的影响足以使发育过程发生偏离。因此，将外胚层转移到较成熟的蝾螈幼体的眼窝，可以通过与正常发育相反方向的分化来产生脊索或肌肉系统；如果将外胚层转移到体腔或淋巴空间，它可以产生表皮或神经组织。由某些部位产生的特殊的影响，决定了邻近的区域。这尤其适用于组织者部位；对于典型的神经系统的形成来说，未来的脊索-中胚层部位在原肠胚形成过程中必然构成背部外胚层的基础。

如果某一系列的反应取得了一定的优势，那么，被移置到新环境中的胚胎组织，就不再能阻止这些反应的进行。确定一经发生，原先未确定的诸部分将不可改变地按照发育的一定路线固定下来。

起初，统一的发育系统通过这样的方式分异成次级系统或“域”。在发育过程中，这些域逐渐变成自主的了，它们起初模糊的边界也逐渐变得确定起来。于是，形成了器官的原基。开始，原基没有明显的差异，而只有当人们用实验的方法将它们转移到反常的环境中时，它们才在各个部分的“自我状态”分化中显现出来；后来，它们成为明显的器官形成区域。其中，某些部位好像在它们自身中包含了它们未来发育的所有必要条件；另一些部位是组织者，它们对邻近区域施加明显的影响。在这些部位的每一内部，也发生着与上述相同的过程。因此，器官的原基，诸如心脏、眼睛和四肢的原基，最初具有均等的潜能，只有极轴是确定的。因此，可以从分裂的、融合的或错位的原基中产生正常的形成物；无论怎样，不同部分的部位逐渐地被确定下来。诸细胞经由组织分化形成多种多样的细胞，对不同区域出现的发育条件作出反应；它们的组织分化过程也经历了从不确定的、不稳定的到最终确定的阶段。

相似的原理适用于再生过程。首先，我们知道了早期分裂球的等潜能性（equipotentiality）和不确定性，以致我们能得到分裂球经过分割、融合和移植的实验处理后作出调整的结果；接着是逐渐的确定，组织者依靠不同程度的特定刺激而发生作用；最后分化为自主的发育系统。再生领域内的某些现象很好地说明了同一物质中不同反应链之间的“竞争”。例如，如果剪去小龙虾的眼而不损害眼神经节，它可以再生出眼；但如果去掉眼神经节，其残余部分会生出触角（“异态”再生）。显然，这里的“眼”和“触角”的反应是平行进行的，前者只是借助眼神经节的影响而取得优势。一只珊瑚虫的一段，当它在水中自由地伸展时，会形成带有触须的头，但如果当它埋藏在地里时，则形成足。在前一种情况中，更大的呼吸强度给予“头反应”所需的优势。通常，我们可以对“确定”这一概念作这样的解释：在各个部分的反应中，当一个反应占有优势时，原先各个部分的反应链速度的量的差异会变成质的差异。这样的优势既可能由该部分自身原先微小状态差异的逐渐增加所造成，也可能由外来或多或少的特殊因素的作用所造成。

因此，发育并不表现为神秘的“潜能”的唤醒或抑制，而表现为动态过程的相互作用。可是，直到现在，发育力学只提供了定性的概念，还没有严格意义上的“理论”，即还没有形成一个可用定量的方式从中推导出定律和预言的陈述系统。就发育的一部分过程而言，我们处于比较幸运的地位：器官的生长可以用理论概念来解释，从中人们可以得出确切的量化结果（第 142 页以下）。

2. 基因：粒子与动态

现代遗传学是生物学的一个领域，它在分析的精细性、各个原先独立的研究专业的综合性、规律和预言的精确性以及实际应用的广泛性方面，胜过生物学的其他领域。事实上，现代人对遗传的物质基础的洞见，可以与现代物理学所揭示的物质的基本单位即原子的结构和组织的图景相媲美。

遗传学的历史提供了许多具有认识论和方法论意义的观点。人们通常说，生物学只有“运用实验的方法”才有可能取得进步。就实验作为揭示自然现象之内在联系的最重要工具而言，这种说法当然是正确的。例如，孟德尔定律绝非靠闭门思辨而发现的。然而，孟德尔（G. Mendel，1822—1884）的成就却也不仅仅在于做了一系列的实验。这些实验确实做得非常精心，但也不是过于困难的。毕竟自人类开始栽培植物和饲养动物起就进行杂交实验了，这可追溯到旧石器时代的晚期。在孟德尔之前，有相当多的植物学家从事杂交实验。实际上，孟德尔的成就意味着他开始用一种新颖的、巧妙的抽象观念做实验。他摒弃了当时流行的“混合遗传”概念。这种概念表明，杂种是由父方和母方的特征以某种方式混合而成的。相反，他提出了这样的概念：遗传特征在许多世代中无混合地分离和传递。这种理论概念是以按照组合学说、能够从实验中推导出性状在连续世代中分配的精确定律为前提的。无计划的实验是不存在的，理论概念与有计划的实验的结合，使孟德尔有可能获得成就，并且使其后的遗传学取得进展。科学不是事实的单纯积累；事实只有当整理成概念体系时才变成知识。孟德尔工作的开拓性，在于他应用了这种方法，这种方法在物理学中是一直被使用的，但在当时生物学中却是前所未闻的。而这，也正是他甚至没有被他同时代最优秀的生物学家所理解的原因。

遗传学也反驳了常常出现的否认生物学有可能建立精确定律的异议。这种异议认为，生命现象太复杂了，以至于这些定律难以被人承认。对于这种异议的答复是，首先，即便是物理系统，诸如原子或晶体，也远非是“简单”的；其次，物理学还利用理想化的抽象概念，例如绝对刚体或理想气体，在理论发展的过程中，用进一步的近似值不断地对这些抽象概念加以修正；再次，表观上简单的问题，例如力学的三体问题，通常只能用近似的方法解决。另一方面，遗传学表明，涉及过程复杂性的生物现象并不排除精确的定律。从受精卵的基因到完整有机体的性状之间的一系列事件，现在还远远没弄清楚。然而，我们能够运用适当的抽象概念，对遗传问题作出完全精确的陈述，即阐明性状在连续的世代中的分配定律。这不仅在理论上，而且在培育动物和植物的遗传控制的实践上是完全可能的。

再者，还有着进一步的条件使这种方法成为切实可行。研究工作必须从比较简单的现象推进到更加复杂的现象。庞加莱（H. Poincaré，1854—1912）[①] 曾说过："如果第谷（Tycho Brahe，1546—1601）具备了现代天文学知识，那么开普勒（J. Kepler，1571—1630）就不可能提出他的定律"；用行星轨道扰动的精确知识不可能建立起这些定律，这些定律只有在一级近似值的范围内才有效。相似地，遗传学处于非常幸运的地位，它从特别有利的研究事例——孟德尔的豌豆杂交，进展到逐渐复杂的研究事例。孟德尔本人从事第二项研究时，用黄花山柳菊做杂交实验，陷入了困境。今天我们知道，黄花山柳菊杂交代表种间杂交的一种复杂事例，因而不服从简单的分离定律。科学的方法是先研究能够借以阐明简单定律的理想事例，然后研究越来越复杂的内容。就许多生物学领域而言，也许我们知道的事实不是太少了，而是太多了，也许大量资料的积累，反而会阻碍我们发现必要的理论图式。

遗传学清楚地证明，除了逻辑的和计划的因素之外，非理性因素是如何在科学进步中起作用的。事实上，由于一系列幸运的偶然事件，遗传学的进步，尤其是从研究比较简单的事例转变到研究更加复杂的事例，是非常顺利的。这首先表现在孟德尔的豌

① 又译彭加勒。——中译者注

豆实验中。孟德尔分析七对因子，而豌豆单倍体的染色体数目正好是七条。孟德尔研究的性状的基因恰好每个位于不同的染色体上。如果孟德尔所做的实验中代表各种性状的基因位于一条染色体上，因而连锁在一起，那么他不可能发现分离现象，也不能够提出经典定律。更幸运的机遇是选择果蝇作为用于遗传学研究的模型有机体。选择黑腹果蝇，而不是选择其他品种，例如大果蝇，更有利于进行遗传学的分析。再者，人们对果蝇做了详细的遗传分析，并且根据大量的实验绘制出染色体图之后，又认识到唾液腺巨染色体的重要性。巨染色体恰巧只出现在果蝇中，它们有可能成为验证从遗传学实验中推测出来的染色体上基因排列状况的细胞学证据。最后，果蝇对于弄清基因控制物质的程序的实验，对于移植实验，等等，也是非常幸运的研究对象。

遗传学证明，有机体的遗传性状是由位于染色体上的物质单位即基因决定的。基因控制所有的遗传性状，从微小的、对生命过程几乎不发生影响的性状，诸如豌豆种子的颜色和形状，或人的眼睛和头发的颜色，到严重的缺陷，诸如聋哑或癫痫，再到高度的智力特征，诸如音乐天才或科学天资。基因大致上像一串珍珠那样，以直线系列排列在染色体上。它们可以自由地组合，又在很大程度上彼此独立。按照孟德尔第三定律，含有基因及其相应性状的染色体，可以按照概率定律自由地组合和分配。类似地，位于同一染色体上的基因具有很大程度的独立性。在交换中，两个含有基因的同源染色体的片段发生交换。在缺失中，单个基因或染色体片段发生丢失。在易位和倒位中，含有基因的一段染色体连接到另一段染色体上，或某些染色体片段倒置的插入，改变了基因在染色体上的排列顺序，但这不影响由各个基因控制的性状。因此，除了比较特殊的情况即所谓位置效应（第 85—86 页），基因表现为独立的单位，不论如何组合排列，仍然产生其影响。

它们一连串地排列在染色体上，就像一列货车的车厢，可以调动和重新编排，但不影响车厢的装载量。

遗传学的大量证据，包括杂交分析的证据和对染色体结构做直接的显微研究的证据，都证实了遗传的基元论概念。然而，如果我们以非常朴素的和无偏见的态度考察这种遗传的基元论概念，那么它在某种意义上似乎是悖理的。

例如，就遗传学家最主要的研究对象果蝇而言，它的染色体似乎装满了与微小的、通常不太重要的性状有关的基因。基因或基因组系统似乎是由某些单位构成的，这些单位与某些性状有关，比如，有的与翅膀的某种畸形有关，有的与眼睛的某种颜色有关，还有的与某些刚毛形状或体色有关。遗传学家并没有发现与动物的组织相对应的基因序列，这种组织当然不只是这样的眼睛或这样的翅膀、刚毛的形状或颜色的聚集。因此，根本的问题在于，“基因”或“遗传单位”的真实意义是什么，尽管这个问题在教科书中通常是避而不谈的。

事实上，机体论概念在遗传领域中也是必不可少的，现代遗传学正朝着这个方向发展。这里也必须从静态概念进到动态概念：遗传不是一种机械装置，在该装置中基因机器式地与它们所产生的可见性状相联系，而是一种过程的流动，在这过程中基因以一定的方式介入其中。

经典遗传学已经积累了许多有关两个或更多的基因在产生一个性状过程中协同作用的实例。最近的研究表明，这种协同作用并不是一种例外，而是规律，是遗传的一个重要特征。性状多源性和基因多效性的概念表明了这个事实。所有遗传性状终究是多基因的，即它们取决于许多或所有现存遗传因子的协同作用。从明显地由单个基因的状况决定的性状，到受数量不同的基因即所谓修饰基因影响的性状，最后到受许多或所有现存基因即基因综合体影响的性状，其间存在着连续的过渡形态。另一方面，基因的作用是多效性的，即单个基因不仅影响单个性状，而且或多或少地影响着整个有机体。从一个基因的作用只表现为单个性状的事例，到诸基因引起整个有机体深刻变化的事例之间也有一个连续的系列。

同一性状可以受非常不同的因子的影响，这是遗传的动态性质造成的结果。因此，通常位于不同染色体上的不同的基因，可以产生非常相似的性状。在所谓拟表型中，一方面作为由基因变化引起的遗传性突变，和另一方面作为由外界因素引起的非遗传性饰变，都可以表现为同样的结果。例如，果蝇中称为突变的许多变异，也可以从热处理引起的饰变或持久饰变中产生。就蝴蝶而言，在蛹阶段加以热处理或冷处理，可以产生与南方或北方地区的遗传性亚种相类似的饰变。这些都是不难理解的。有机体及其性状产生期间所包含的过程的数目是极其庞大的；然而其中可能改变的数目却是有限的，因此，基因突变或外界因素可以导致在表现型上产生相似的甚至完全相同的结果。

为了给“基因”概念下定义，我们必须弄清遗传学实验实际上确定了什么。只有那些能够进行杂交的生物体，才能用来做这样的实验。因此，已被查明的基因总是与性状有关，这些性状在可杂交的生物体上是不同的，在一般情况下它们是亚种的性状，而只有在特殊情况下，它们是物种的性状。例如，遗传学分析表明，突变型棒眼果蝇和野生型果蝇之间在某个染色体位点上存在着一定的差别；这种差别可以通过在显微镜下观察巨染色体而直接得到证实。由于位点存在着差别，以及由位点引起的不同反应，某个亚种形成具有很少小眼的棒眼，而其他的亚种则形成正常眼。因此，被确定为“基因”的，不是某个能产生确定的性状或器官（诸如这种或那种眼睛、翅膀、刚毛等的颜色或形状）的单位或原基；确切地说，基因是大体上相一致的基因组之间差异的表现。整个有机体是由整个基因组[①]产生的，尽管就某一细微差异而言，这取决于某个位于某一染色体位点上的大分子即某个所谓基因的性质。完整基因组的存在是有机体正常发育所必需的，这一事实直接证明了这点。较大的缺失，即染色体片段的丢失，总是致命的。所以，基因组不是独立的和自我活动的原基的总和或镶嵌，而是一个能产生有机体的整体系统，然而，基因组在发育过程中的作用是随着该系统中各个部分（即基因）的变化而变化的。

基因是怎样起作用的？我们掌握了大量有关基因的从属物质的知识，这些物质是类似激素的化合物，它们的形成依赖于一定的基因，并在发育过程中起积极作用。基因的作用具有催化的性质；基因借助基因的从属物质来控制发育过程的速率和方向。由于发育过程有时可以相似地受到突变基因或外界因素诸如温度变化的影响，同一表现型可以作为突变、拟表型或持久饰变而出现；相似地，发育过程作为一种化学反应，也可以在同样意义上受到催化剂或温度的影响。

从作用上讲，许多基因属于“速率基因”，即充当影响某些反应链速度的因素。发育依赖于基因控制过程的系统。该系统的正确调速保证了发育的正常状态；但是，基因的突变会引起它所控制的反应速度的变化，从而引起有机体不同程度的深刻改变。这是“协调反应速度原理”（Goldschmidt），这个原理我们早在探讨胚胎发育时就已经遇到了。这个原理是戈德施米特在研究性

---

① 以及细胞质基因组即细胞质中遗传因素的总体，尽管细胞质遗传的能力是相当有限的（这种例子在高等植物中最多见，酵母、细菌、草履虫、果蝇等中也有细胞质基因）。——作者对英文本的注释

别决定问题时首先提出的。性别决定基于这样的事实：在每个有机体中，“雄性”和“雌性”的反应同时进行；性别因子的数量比率（在典型的例子中，雌性的有两个 X 染色体，雄性的只有一个 X 染色体）决定哪种性别在竞争中取得优势。在遗传学中，同样在发育生理学中，大量现象是受这同一原理支配的。因此，显性可以用反应速度的术语来表述；在有机体中，同时发生的各种反应相互竞争，反应速度较快者取得优势。由于这个原因，显性会受到其他基因（修饰基因、基因综合体）的影响，在拟表型中，也会受到外界因素的影响，这两者都会影响有关发育过程的速度。相似地，显性的变化可以得到解释：起初比较缓慢的反应到后期阶段在速度上占了优势。早期分离过程的同步性的变化，例如，细胞分裂过程的同步性的变化，会产生深刻影响，果蝇触芒足的突变通常就是这样，它的一根触须的刚毛转变成一个跗节。而且，如果突变引起了昆虫发育速度和壳质化速度之间的比率变化，那么，幼体器官会壳质化并因此在成体中永久存在。相反地，某些器官可以过早地发育，例如，蠋[①]长出触须。发育不全性畸形，诸如裂腭、兔唇等，都基于这样的事实：某些发育过程以较慢的速度进行，致使胚胎的状态被带到成体阶段。由突变引起的激素分泌不足会导致幼态持续，即幼态阶段的特征持续保存至性成熟后。像盲螈属这类持久保存鳃的两栖动物就是如此。根据博尔克（L. Bolk，1866—1930）的理论（参见第二卷），相似的解释也适用于人的“胎儿发育”。化学反应速率的变化可以改变色素沉着，由此造成遗传性的颜色变异。相关生长速率的协调性的改变，构成了生命界和进化过程中大量形态起源的最重要因素之一（第 102—103 页，第 144—145 页）。

① 一般指鳞翅目幼虫。——中译者注

许多事例可以证明或者至少可能证明：发育过程速率的差异是由各个基因量的差异造成的，而且与基因的活动状况成比例。首先，这对于戈德施米特关于性别决定理论的经典事例而言，是正确的。性别遗传因子的数量比率，即存在一个还是两个 X 染色体，通常决定了发育是朝雄性方向还是朝雌性方向进行。可是，在舞毒蛾不同地理亚种之间的杂种中，正常的数量比率是被打乱的。如果“弱”的与“强”的亚种杂交，那么性别遗传因子的数量并不相配；基因型的性别不能完全超过它的对立面；这导致了两性的中间体（间性体）的形成；这些性别遗传因子每种可能的组合结果是可以预言的。相似地，复体细胞等位基因，诸如果蝇残翅系列（具有不同程度的扇形翅膀），可以解释为突变基因数量的差异。果蝇棒眼和超棒眼突变（第 86 页）在于 X 染色体的一个微小区段发生了二倍重复或三倍重复，这可以在唾液腺的巨染色体中看到。相似地，数量比率对于水藻的性别确定是决定性的，在某些情况下会导致所谓相对性别；在这种情况下，性别决定物质在化学上已经得到了鉴定。

许多重要推论来自戈德施米特原理。上面所谈的遗传现象以及发育过程中相应的竞争现象（第 68—69 页，第 71—74 页）表明，初始量的差异往往导致其后的质的差异。

当然，一般说来，基因有着深远的影响，它影响发育阶段越早，因而它影响发育过程就越多。因此，基因的多效性影响，通常产生于它们在胚胎发育早期阶段的活动。由于同样的原因，对体细胞产生很大影响的突变，常常是致命的。早期胚胎阶段比较简单的影响会造成许多表现型的变化。例如，在鼠经过 X 射线处理［布拉格父子（H. Bragg，1862—1942；L. Bragg，1890—1971）］而产生的突变中，溢血是由隐性基因引起的，这些突变使它们长出许多各种各样的畸形物，诸如畸形足、多指、无眼、颅脑缺陷等。

那种将遗传看作“由协调反应速度支配的过程系统”的观念，对于系统发育研究具有深远的意义。德比尔（G. R. de Beer, 1899—1972）[①]已指出了，海克尔（E. Haeckel, 1834—1919）关于“个体发育重演系统发育”的生物发生律的局限性，在很大程度上依据这样的事实：由于发育过程速率的变化，个体发育阶段中所呈现的与祖先进化形态相同的最初顺序，在后代中可能被弄乱。因此，我们不能说后代的个体发育“重演”了系统发育的序列，而只能说它重复了祖先个体发育的状态，个体发育状态的顺序可能会发生深刻的改变。

发育速率同步化的变化，尤其当它们涉及早期胚胎过程时，就会引起深远的形态变化。在果蝇突变中，诸如出现触角芒足（腿代替了刚毛）、四翅（四翼）、喙（口的各部分发生形态变化，以至于变成了类似于其他昆虫目的尖利口器）的形态变化，突变基因并没有导致一种孤立效应；相反地，基因本身简单的数量变化，控制了广泛的发育过程，由此引起了发育模式的深刻变化，进而引起了复杂的形态变化。在这个意义上，戈德施米特所说的“有希望的畸形动植物”的出现，对于大的进化的形态变化来说，恰恰具有决定性意义。欣德沃尔夫（O. Schindewolf, 1896—1971）在他的原生发生理论（theory of proterogenesis）中，从古生物学观点出发，同样强调了早期胚胎形态变化的重要性。前面已提到（第81—82页），这些变化对于人的进化也是重要的。在某些个例中，有可能根据协调反应速度原理，对模式形成的过程作出较深刻的分析。蝴蝶双翼模式便是这样一个例子

① 德比尔：《胚胎学和进化》（*Embryology and Evolution*），牛津，1926年。

（Goldschmidt，Henke，Kühn），由于它具有二维的性质[①]以及有可能供我们进行发育方面和遗传方面的分析，所以，它非常适合用来说明这一点。多种多样的蝶翼模式的形成，依赖于较少的几种基本过程，这些过程主要在数量上使一个物种与另一物种区别开来，而且这些过程依赖于数目有限的孟德尔基因；但是，这些数目有限的孟德尔基因能够造成许多的变化组合和差异，由此产生极其丰富多样的蝴蝶图案和颜色。第二个基本事例是生长速率的协调化问题，我们对这个问题有可能进行定量的数学分析（第144—145页）。

基因是什么？人们一方面根据实验中发现的突变和交换的数目，另一方面根据对巨染色体的显微观察所发现的代表基因位点的染色粒数目，能够估计出果蝇基因的总数。这两种估算都得出果蝇四条染色体上的基因数目在八千或一万这样的量级上。由此可计算出一个基因的体积。它大约相当于十万分之一毫米长度的小立方体。相似地，辐射遗传学——对由X射线和其他短波引起的突变的分析（第174页）——得出这样的结论：基因相当于大分子或分子团大小的原子化合物。染色体——许多基因直线排列其上——可以被看作一种“非周期性晶体”（第32页，第35页）。某个基因的变化可以通过辐射即通过一个光量子的作用诱发突变而发生（第174页），自发突变则可能是由热运动引起的。这表明，基因分子突然转变到新的稳态，可以被解释为转变到分子的同分异构形式、侧链的变化等。

1937年，本作者强调了遗传的机体论概念的必要性：

染色体并不等于这样一些基因的系列，其中有的可

① 指蝴蝶彩翼图案。——中译者注

能产生朱红色的眼睛，有的产生微型的翅膀，还有的产生棒眼和短刚毛，等等。相反地，完整动物的整个有机体是从生殖细胞的整个基因组中产生的。当我们谈到“基因”时，这只不过是对位于某些点上的基因组的差异的一种表达而已。我们真正发现的只是：如果我们将残翅果蝇与具有正常翅膀的果蝇杂交，分析表明，两个亚种在一个确定的染色体上的一个确定的点上存在着差异。“基因”正是位于这个点上的这种差异。然而，并不是单个的基因产生这种形状或那种形状的翅膀。在染色体上特定位置的基因分子会造成形成物的些微差异，除此之外，翅膀（以及所有其他许多器官）的形成，完全是作为整体的基因组作用的结果。换言之，基因是相应的基因组的微小差别的表现。它们不是个别器官的起源点。也可以说，染色体位点代表了种质[①]中可观察的和易于打乱的点。我们可以这样认为：突变可能是由有害的影响（X射线、高温等）引起的，而且实验产生的突变在很大程度上是畸形的。如果对种质的扰乱特别强烈，它会阻碍发育，同时会作为某个确定位点上的一个“致死因子”而起作用。如果这种扰乱是比较微弱的，它会产生畸形体。如果我们持有这样的看法，基因概念中的许多难题就可以消除了，而且我们可以不再为这样的问题感到烦恼：比如，代表较高系统性状的基因

① 种质（germplasm）亦译为生殖质、遗传物质。——中译者注

> 位于何处？它们如何能够处于已充满着支配微小变异的基因的染色体上？等等。另外，遗传学的事实结果仍未改变。

这些陈述可以与戈德施米特提出的“未来基因论展望”（见前文引用）相比较。在他看来，近年来遗传学研究的发展已达到了这样的地步：它必须回答基因作为分离存在的遗传单位的概念是否还站得住脚的问题。戈德施米特主要是根据位置效应作出这些思考。在由不对称交换所造成的果蝇棒眼的突变中，有些个体偶尔会在其 X 染色体上拥有两个邻近的棒眼基因。位于同一染色体上的这两个棒眼因子的效应，是不同于位于雌体两条 X 染色体上的两个棒眼因子的效应的。后者产生正常的棒眼（具有大约 68 个小眼），但前者则造成眼的明显减少，称为超棒眼突变（具有 45 个小眼）。因此，棒眼基因的效应取决于它的位置。而且，与表现型相对应的基因突变，即单个基因的变化，可以表现为易位、倒位、重复和缺失的结果，即表现为打乱有关基因所处位点或邻近位点的染色体结构的结果。戈德施米特根据这些现象提出了种质理论，认为“在种质中单个基因不再作为分离的单位而存在”。作为一个整体的染色体，它是一条具有复杂结构的分子长链。链的每个点对于化学性质和整体效应具有确定意义。野生型是受作为一个单位的整个链控制的。但是，链的改变会导致对催化反应的扰乱，表现为“突变”。突变可以由染色体内某个确定位点的实际变化而引起——这称为基因突变；也可以仅仅由基因分子排列的变化而引起，正如在位置效应中看到的那样。因此，我们可以用基因概念的术语来描述遗传学事实；可是，控制发育的实际遗传单位是染色体和种质。

3. 进化Ⅰ：西藏喇嘛教祈祷轮

现代进化概念是建立在遗传学基础上的。从本质上说，这个问题回到了达尔文的自然选择理论。所有有机体都存在大量过剩地繁殖后代的情形。但是，这并没有造成任何一个物种个体数目的无限增长，而是保持着个体数目的相对恒定。因此，这里存在着持续不断的生存斗争，这种斗争消灭了产生出来的大部分个体。另外，在物种的生存中，时常从正常形态中出现微小的偶然的变异，即今天所说的突变。这些变异可能是不利的，或是中性的，也可能是有利的。在生存斗争中，自然选择消除不利的突变；相反，有利的变异得到保持，具有有利变异的有机体更有希望繁殖其后代。经过长期的不断繁殖，便导致了物种的进化。这种进化既表现为生命界形态多样性的产生，也表现为有机体对其特定环境的逐渐适应。

选择理论的第一个前提——后代的过剩繁殖，尽管并没有发生个体数目的无限度增长，但是发生生存斗争的事实是可以通过观察而直接证实的。

选择理论的第二个前提——遗传性变异的发生，由现代科学研究得到了证实。因为人们经过充分研究，在每种生物形态中都发现了大量突变。

选择理论的第三个前提——选择，已由实验和数学的方法得到证明。一方面，人们发现，不同的突变就它们在不同环境条件下的活力和生存性而言可能是不同的。另一方面，由于霍尔丹（J. B. S. Haldane，1892—1964）、费希尔（R. Fisher，1890—1962）、休厄尔·赖特（Sewall Wright，1889—1988）、路德维希（Ludwig）

等人的工作，数学分析成为检验选择机制的重要方法，这种方法在这个领域得到了充分的发展，虽然实验和观察还没完全跟上选择的数学理论的发展。它表明，经过比较短时期的选择，可以使起初只有很小比例的有利突变确定下来。比如，原始突变率为千分之一，后代数量为 25，选择优势为千分之一（意味着每 1000 个野生型中，999 个突变体被消灭），这样，一个显性突变需要经过 710 代，一个隐性突变需要经过 3460 代，它们的频率才达到整个种群的 99%。一个难点在于，突变率通常是很小的（大约 10^{-6} 数量级）。在“流逝的岁月”中，突变体的频率可能从 10^{-6} 提高到 10^{-3}，因此对于隐性突变来说需要一个很长的时期，而绝大多数的突变是隐性的。在上述假设的条件下，可能需要一亿代。这里还必须假设辅助的因素，诸如种群波动，分离成较小的近交群，等等。不过，这些假设需要与实际的生物状况相对应。另一方面，实验表明，许多突变具有比以上计算所得结果高得多的选择值。

对此，必须增加近来研究的另一个重要因素，即主要由休厄尔·赖特专门研究过的隔离效应或“漂变”（drift）原理。如果一个物种再分成彼此隔离的小种群，那么这些种群中纯粹偶然的基因组合可以导致不同突变型的确立，而不论它们的选择值如何；而且这可以使原先相同的物种分化成不同的亚种，最后这些亚种形成物种。

达尔文著作的题目在某种程度上掩盖了这样的事实：“物种起源”只是进化问题之一，而且不是最重要的问题。进化大约可分为四个主要问题：第一，一定类型的组织或结构内部形态多样性的起源，即较低的分类单位——小种、亚种、种，还可能是属——的起源；第二，这些类型的组织本身的起源，即较高的分类单位的起源；第三，对一定环境的生态适应性的起源；第四，作为一个整体的有机体内部复杂的形态整合和生理整合的起源。

当然，要在这些问题之间划出明显的界线是不可能的。第一、第二个问题涉及器官形态多样性的起源，第三、第四个问题涉及有机体“适应性”的起源。

一般说来，人们可以接受这种看法：亚种的形成是由前面所说的因素造成的，物种的形成也极可能如此，这已在实验上和理论上得到了肯定。这些因素是随机突变、选择以及隔离的小种群内的随机活动。这个研究领域提出了许多有意义的问题，但几乎没有根本性的疑难和争论。相似地，选择理论对许多适应现象作出了令人满意的解释，诸如保护性的外观相似和拟态，其中，像枯叶蝶这样的动物模仿植物的部分，或无防御能力的动物模拟不可食的东西（蝴蝶通常就是如此）。可以假定，起初发生了偶然变异，这种变异使微小相似成为保护形态，并由此造成选择上的优势；后来，自然选择加强了这种相似性，最后形成完全的拟态。所以，现代选择理论在解释第一和第三个问题即所谓微进化问题时几乎没有任何疑难。至于第二、第四个问题即所谓巨进化问题，尚未取得完全一致的看法。绝大多数现代生物学家，尤其是与遗传学有关的研究者，接受了选择理论。他们之所以采取这种态度，从经验方面讲，是因为遗传学取得了成就以及遗传学被成功地应用于进化问题；从方法论方面讲，则是基于这样的原则：只有那些已知的、可以准确地从实验上加以证明的进化因素应该得到承认。可是，某些形态学家和古生物学家持相反的见解。这些领域的工作者，比实验工作者更加频繁地面临活组织的令人惊奇的构造，它的整合，以及结构与功能的对应性，他们难以相信这些是纯粹偶然性的产物。相似地，生理学家考察细胞内催化剂系统的惊人的复杂性，在该系统内，即使缺失一种催化剂，也可能使细胞变质为癌细胞，他或者考察腺的正常功能所必需的一些条件，或者考察即使是一个简单的反射所必需的神经联系，都觉得有点难以接受那种将以上所有现象归结为偶然性产物的解释。

如前所述，假定的机制——突变、选择、隔离——在实验上都已得到了证实。但是，除了多倍体植物中发生的某些情况之外，在可以观察的范围内从来没有出现过新的物种，更不用说出现“巨进化”的变化了。选择理论是一种推断，由于其基本概念是感人的，这种推论的大胆性易被人们接受。而对于缺乏生动形象感的理论，对于仅从相当有限范围的实验得出的原理被无限和普遍地扩展，人们肯定心存疑虑。赞成选择理论与反对选择理论的两种意见已进行了无数次的辩论。确实，含有比较尖锐的“反对意见”的论战，构成了每一理论陈述的一个重要部分，这种规矩的理论陈述在某类论文，比如说物理学或生理学的论文中大概是找不到的。只考虑已知的和实验上可证明的因素，按照事实性原理尽可能扩大其应用范围，并在奥卡姆剃刀①的意义上排除未知的和未经实验证明的因素，这是一种完全正确的方法论准则。另一方面，我们在不到五十年的时间里，对好几十种动物和植物做了遗传学研究，它们的突变绝没有超越物种的界限。认为在十亿年间或在“从阿米巴到人”的进化过程中没有发生其他什么东西，这是一种大胆的推断。所以，争论涉及的是思维方式，而不是事实证据。

有机体有不可胜数的性状，这看起来是无用的。它们在很大程度上确实如此，由于这些性状的功能是中性的，它们表现出高度的稳定性，这在分类学家看来是极其重要的。叶片形状和叶子排列的多样性，三花瓣、四花瓣、五花瓣的花朵，在无颈的鲸和

---

① 奥卡姆（William of Occam，约 1300—约 1350），亦译“奥康”，中世纪英国经院哲学家，唯名论者。主张哲学对现象的解释只能是经验和根据经验而作出的推论，主张把所有无事实根据的“共相”一剃而尽。此说后被称为“奥卡姆的剃刀”。——中译者注

长颈鹿中都可发现的哺乳动物颈椎骨的七种性状；所有这些形态学特征都构成了物种分类学的框架，似乎都表征着那些与实用性无关，但可以适用于不同需要和生境的“类型”。这非常像教堂、市政厅或城堡能够以哥特式、巴洛克式或洛可可式同样好地建造起来。著名植物学家戈贝尔（Goebel）曾强调过，生物形态的多样性远远多于环境条件的多样性。在海洋的同一区域，在完全相同的环境中，可以发现几百种有孔虫和放射虫；作为“天然的艺术形态”，它们在形状上所表现出的非常奇妙的多样性，显然与实用性无关。可是，这些论据并没使自然选择论者感到窘迫。那些对生物本身无用的结构可以在选择压力较低的同一环境中保存下来。根据休厄尔·赖特的原理，在一个物种再分为较小的隔离的种群的过程中，这种无用的结构可以随机地出现；或者无用的性状与其他具有选择优势的性状联系在一起（这两类性状也许只有生活力方面的差异），因而被永久保存下来。

“既然能让它变得复杂，为何要让它变得简单？”“事情能以这种方式做成，但也能以别种方式做成”，关于生命世界的这些谚语似乎非常流行。生物通常以令人惊讶的迂回的途径达到目标，这本来可以通过更为简单和更少风险的途径达到。让我们以人体内的蛔虫这种比较简单的寄生虫为例来考察寄生虫的生活周期。幼虫随同食物进入肠内；它们穿过肠壁进入血液，并进入循环系统，通过门静脉进入肝脏，然后进入肺脏和咽喉，在咽喉处再次被吞下，在性成熟阶段返回到肠道。据我们的愚见，它们本可以在肠内很好地留存下去。奇异的捕虫花，诸如杓兰属植物或野生海芋属植物，用复杂的装置捕获和关押那些有助于为花传粉的昆虫，以达到在适当的时节利用这些昆虫传粉的目的。可是，这些复杂机制的最后结果是，在现有气候条件下，杓兰和海芋成为濒于灭亡的非常稀有的植物。即使在它们生存的热带中心地区，属于这些科的植物并不比利用简单的风媒传粉的植物好些。“事情能以这种方式做成，但也能以别种方式做成。”反刍动物具有非常复杂的多胃，这对于那些消化植物性食物的动物来说，无疑是最有用的和具有最高选择价值的器官。但是，马只有一个简单的胃，却长成同样高大的躯体并具有广泛的地理分布。大自然以艺术家的技巧，在蝴蝶的翅膀上描绘出拟态——一种保护性原型的仿制品，以便让鸟类相信这种拟态也是不可食的。普通的黑色射水鱼，虽然容易被鸟类捕获，但它们像海滨沙滩上的沙子那样不计其数，并剥落了水面附近的树林[①]。生物在生存斗争中，可以通过不同的方式达到同样的幸存，所有这些生物形态的存在显示了这些形态的适应性，这是对自然选择论者的反驳。

我们同样认为，那些荒诞的甚至显然不利的形成物，诸如菊石[②]的巨大而奇特的形态、雷兽怪异的角、大角鹿的角枝（这些沉重的角妨碍了这些森林动物的行动），很可能说明了这些动物灭绝的原因。路德维希说，自然选择论提出了大约十四种到二十种可能的方案来解释这种不利的性状。这表明，这些不利性状并不是对自然选择理论的反驳，但同样，对此不可能有一个决定性的判断。一个能明确地得到确证或否证的假说，比大量的可能性说明具有更大的价值。这里提其中一些解释：现在某个不利的或中性的性状，在过去也许是有利的；某个不利性状可能由于基因多效性而与具有选择价值的性状互相关联着，比如，按照异速生长

① 射水鱼经常向在靠近水域的树枝上停留的昆虫射水，以食取被射水击落的昆虫，这也造成了树叶剥落，从而破坏了其天敌鸟类栖息树林的生存条件。——中译者注

② 菊石（ammonite），软体动物门，头足纲中已绝灭的一类动物。开始出现于早泥盆纪，中生代最为繁盛，至白垩纪末完全绝灭。生活于海洋，壳体、壳形变化多样，小至几毫米，大至二米以上。——中译者注

定律（第 144—145 页），雷兽那貌似无用的角的形态，与其躯体的有利增大相关联；该性状被认为起源于性选择；从种间生存竞争关系的角度看，种内这种角的存在是安全的，而在可能发生种内选择[①]的情况下，这种角的发展会最终导致有害本物种的后果；等等。

喜好反论的人可能会说，对自然选择理论的主要反对理由在于这个理论不能被否证。[②]一个好的理论必定可以经受实验检验，而检验的否定结果将反驳理论。如果行星之间存在的万有引力与 $1/r^3$ 成正比，而不是与 $1/r^2$ 成正比，那么牛顿力学就是错的；如果在某个地方发现楔形文字的对数表原本，那么我们必定会修正我们对巴比伦数学的看法。但是，就自然选择理论而言，似乎人们不可能指出任何一种生物现象以完全驳倒它。

我们不妨考察具有调节功能的眼睛的构造。柔软的晶状体、睫状体、睫状肌、与相应的中枢相通的神经，必须同时存在并一起活动，才能发挥其功能。实验遗传学所研究的各种“性状”之间存在着很大的差异，同时这些性状代表了小的变异，例如器官的体积、颜色等的变异，也表示了只有作为一个有机整体才是有用的和具有生存价值的“系统”的起源。在此意义上，单个的、偶然的突变不能引起器官的逐步发展或改进，而只会损坏它。缺少某一个部分便会使整个系统变得无用，甚至会产生有害的肿瘤。由此可以推知，这种共同适应——只有作为一个整体才具有功能的器官的起源——无论如何都不可能由偶然的突变引起。自然选择论者解答道：请记住，眼晶状体是漫长进化过程的产物。完全

① 指“性选择”。——中译者注

② 作者此处显然是指波普尔（K. Popper，1902—1994）的证伪主义理论，即一个理论只有能被实验反驳，才能算作科学理论；不能被反驳或否证的理论就不是科学理论。——中译者注

可以想象，从简单的色素点到眼窝再到眼晶状体，这其中每个微小的中间阶段（正像比较解剖学实际表明的那样），都产生了微小的选择优势。于是，你才会理解这些形成物是怎样在系统发育史的漫长年代里积累起来的。自然选择论者还作出了支持其论点的各种精确计算。

同样棘手的是，微进化与巨进化的一致性，一种“类型”内部多种多样形态的起源和这些类型本身的起源的一致性，既受到了质疑，也得到了辩护。比如说，有翅的果蝇从无翅的祖先中产生出来，这件事与已知的果蝇突变处于不同的层次，后者仅仅与早已存在的翅膀构造的差异有关。一种“类型”的巨进化的起源，不是微小变化逐渐积累的产物，而是在胚胎的早期阶段产生深远影响的形态变化的“巨突变”的产物。古生物学为这种观点提供了支持，它指出了进化的两个阶段：第一阶段，某种新类型突然出现，在它出现后不久，好像爆发性地分裂成主要的几种纲和目；第二阶段，这些纲和目缓慢地逐渐形成物种并适应那些种群内不同的环境条件。自然选择论者的回答是：要明确地定义什么可以称为“类型”是不可能的，所以不可能在“巨进化”与“微进化”之间划一条分界线。人们通过实验也认识了许多发生深刻形态变化的突变，诸如双翅目果蝇的四翅突变，或金鱼草花冠的两边对称形状突变为放射形状。不同“类型”之间的过渡阶段是罕见的或通常是见不到的，这个事实很容易得到解释，因为新类型的祖先是稀少的，所以这些作为化石的祖先保存下来的可能性也是相应地很小的。不过，我们已很充分地发现了这样一些过渡阶段，例如，始祖鸟是从爬行类到鸟类的过渡阶段，或者从爬行类经过兽齿亚目到哺乳类之间几乎无断裂的系列。确实没有理由假定微进化与巨进化之间存在着根本性的区别，或假定过去的遗传规律不同于现在的遗传规律。

人们通常断言，进化过程不能根据“有用性”去理解。如果比较高等的组织意味着具有选择优势，那么，比较高等的有机体应当取代比较低等的有机体。可是，自然界的每个横断面都显示了从单细胞到脊椎动物之间极其多样的组织层次，这些不同层次的组织都完好地得到保持，而且事实上它们对于维持生物群落全都是必不可少的。自然选择论者反驳说，当人类发明了弓和箭，就废弃了用棍棒打斗的简单方法；火器的引用宣告了穿戴盔甲的骑士的灭亡；坦克的出现使骑兵的攻击能力成了问题。现在各国家之间的生存斗争，只有依靠飞机才能获得生存——直到不久的将来，完备的原子弹将使人类从关于选择问题（既包括理论问题，也包括人类自身的生存问题）的困扰中解放出来。在这惊人的进步中，早期的诸阶段可能仍然很好地被保存了下来。居于边远地区的人可能仍停留在墨洛温王朝[①]的文明水平，在中非或新几内亚的穷乡僻壤可能还保留着相当原始的互相残杀的手段。相似地，呆滞的蜥蜴类动物被比较灵活的温血哺乳类动物取代，有袋动物被有胎盘哺乳动物取代，但这些并没有改变这样的事实：蜥蜴、蛇、龟和鳄仍生存着，以至于使我们想起从前爬行动物的壮观景象；有袋动物至今还生存于澳大利亚，没有更高等的哺乳动物进入那里。

这类争论可以持续进行到双方筋疲力尽，但不会使对立各方信服。其理由是可以理解的。我们做了十几个至二十多个实验，从实验上证明了性状的“有用性”，例如，某种昆虫中具有与背景相同颜色的个体，比具有反差颜色的个体更不容易被鸟吃掉。但是，对于这个进化受“有用性”控制的推断，还没有办法从实验上加以证实或证伪。如果任何物种都生存下来并经历了更高的进

① 公元 481—751 年法国的一个王朝。——中译者注

化，那么，发生的变化或者是有利的，或者是与有利变化有关的，或者至少是无害的，否则这些物种肯定灭绝了。但这仍然是放马后炮（*vaticinatio post eventum*）[①]。像西藏喇嘛教祈祷轮那样，选择理论不倦地咕咕哝哝低语："一切都是有用的。"但是，至于实际上发生了什么，进化实际上遵循了哪些路线，选择理论什么也没说，因为进化是"偶然性"的产物，这里无"规律"可循。

然而，这正确吗？

4. 进化Ⅱ：偶然性和规律

进化是一个本身偶然的，只受外界因素引导的过程吗？也就是说，进化是随机突变和引起生存斗争与选择的同样偶然的环境条件，加上隔离的偶然作用和随后的物种形成（speciation）的产物吗？或者，进化是由存在于有机体自身之中的诸规律决定的或共同决定的吗？

这是一个使我们从各种主张、各种不同的解释和假说的激烈争论中摆脱出来的问题，而且它可以让我们基于事实去做判断。

我们必须从基本的陈述出发来探讨这个问题。数学分析表明，选择压力远远大于突变压力：甚至一个微小的正的或负的选择优势都比没有选择的直接突变更加有效，即使这种突变以高速率和重复的方式出现。因此，逆选择意义上的进化的"方向性"是不可能出现的。无选择意义上的进化的"方向性"，只有经过极其漫长的时间周期才可能生效。

① *vaticinatio post eventum* 在本文中意谓"事后解释其成因"。——中译者注

从这些陈述和突变的“无方向性”（第98页）出发，自然选择论者断定，进化的方向仅仅是由外界因素决定的。但是，这个结论并不能从诸前提中得出。如果选择代表着进化的必要条件，那么，这并不能得出，选择已表明了进化的充分条件。

也许物理学的类比可以说清楚这点。熵原理适用于所有（宏观的）物理过程。熵原理指明了一个限定条件，即除了非常小的空间里分子热运动的例外情况，在每一个物理过程中称为“熵”的某种量趋于增加。但是，熵原理只规定事件的总方向。一般说来，许多过程从热力学角度来考虑是允许的，然而究竟是否会发生什么事，如果发生了，实际发生的事是什么，我们并不能仅仅从熵原理中得知，而必须考虑系统的特殊条件。比如说，实际上是否发生了热力学上可能的氧化过程？或者为什么明矾结晶为八面体几何外形，而冰岛晶石结晶为六面体几何外形？我们不能根据熵原理作出回答，虽然氧化和结晶过程是服从熵原理的。因为，我们只能从反应物质的性质、它们的反应速率、不同种类分子的晶格力等中获得这方面的知识。相似地，选择原理指明了一个限定条件，即除了无选择压力的例外情况，在所有进化过程中，有机体的“优势”趋于增加。但是，就个别情况而言，是否出现了优势增加的现象，以及出现了什么优势增加的现象，我们是不能从选择原理中推知的。例如，以麻雀而论，它偶然地被引入美国，在美国并没有产生出新的小种，因此根本没有出现任何优势增加的现象。又如腕足纲舌形贝[①]，它在几亿年中保持不变。或许，生物能够通过完全不同的途径达到同样的结果，即生存斗争中的保存。热力学和选择原理都是偶然性机制的产物。生物学上主张一切事物都可以用选择原理来说明的观点，可以与过时的奥斯特瓦

① 腕足纲舌形贝出现于寒武纪，至现代仍未绝灭。——中译者注

尔德（F. Ostwald，1853—1932）的“唯能论”相比拟。这种“唯能论”确信物理学全都可以包容在能量原理中。

例如，如果我们检验果蝇的突变，我们就会得到这样的印象：这些突变产生了不受控制的多种多样的变异。而且，自发突变，以及那些外界因素引起的突变，相对于外界条件是“偶然的”，也就是说它们没有表现出适应的性状。比如说，突变不会出现这样的情况：在逐步增加温度的环境中表现出对较高温度的适应。而只会表现出突变率的增加，且这种突变率增加的现象在其他情况下也会发生。可是，突变的多样性，及其对外部影响缺乏适应性和方向性，并不一定意味着这些突变完全是偶然的。这倒是表明，突变和进化的变化具有许多的、但并非无限多的自由度。

当然，突变首先受到现存基因的性质和基因变异的可能性的限制。简单地说，脊椎动物绝不可能产生出导致像昆虫几丁质外壳那样的形成物的突变，因为，这不在脊椎动物解剖学和生理学的蓝图范围之内。这一点也同样适用于更精微的细节。例如，绿色的蝴蝶是非常罕见的，虽然蝴蝶在幼虫阶段普遍呈绿色，而且绿色是极好的保护色。尽管许多花卉栽培家作了许多世纪的努力，也不可能产生出蓝玫瑰和黑郁金香。

对基因本质和突变本质的研究也得出了相似的结论。由于基因是具有蛋白质大分子性质的物理-化学结构的单位，又由于突变代表了以异构化或侧链变化等方式向一种新的稳态的转变，因而变化只可能朝若干方向而不能朝所有方向发生，这类似于一个原子只允许有几种量子态。在这两种情况中，量子化是以跳跃式的变化特征为基础的，同时也是以系统的高度稳定性和组织化为基础的。一个原子在周围粒子热运动的不断碰撞下，不能吸收任一小量的能量，只有完整的量子跃迁才可能引起原子内的变化。这保证了原子在无限定的时间内能够保持不变。同样地，突变的

“量子化”特征首先是以不连续性为基础的，其次是以基因高度的稳定性和突变的相对稀少为基础的，再次是可能的突变数并非无限的，因为只“允许”有某几种稳态。

这里，我们来讨论一个重要的问题。建立在大量事实证据基础上的进化论指出，动物和植物王国的发展，经过漫长的地质年代，从比较简单、比较原始的形态发展到更复杂、更高度组织化的形态。遗传学的经验使我们接受这样的事实：生物是通过梯级式的突变而发生进化的。无论如何，事实上不论在今天的生命界，还是在过去地质年代的生命界，我们都没有发现连续转变的证据。我们实际上发现的是分隔的和有明显区分的物种。甚至在这些物种中存在着程度不同的许多突变、小种、亚种等，并没有改变这个基本事实：人们没有遇见从一个物种到另一个物种的中间阶段；因为假如物种之间有逐渐的转变，那么就应当发现这种中间阶段。现存的和灭绝的生物界并不表现为连续体，而是表现为非连续体。

物种的非连续性可能基于这样的事实：不仅个别基因，而且基因组都存在着某几种稳定状态。就个别基因而言，从一种状态到另一种状态的转变是非连续的，这是因为突变具有跳跃的特征。至于基因组的稳定状态，可以用以下概念来说明。一个“物种”代表了一种状态，在这种状态中已确立了和谐稳定的“基因平衡”，即在这种状态中各个基因在内部互相适应，因而能确保发育无干扰地和协调地进行。从理论上说，如果没有外界干扰，稳定性可以在无数世代中保持下去。如果发生一个突变，就意味着这种稳定模式受到扰乱。因此，在大多数情况中，即便不考虑自然选择，突变也会引起不利的甚至致命的后果。但是，每个基因的作用并不只限于自身范围，而且多少也作为一种修饰因素影响基因组其余部分的活动（第 78—79 页）。物种总是因大量基因的不同而相互区别。不管怎样，突变发生的量越多，则对已确定的基因平衡发生扰乱的可能性就越大，即使这些突变本身可能是有利的。因此，处于从一个物种到另一个物种转变过程中的形态，可能处于不稳定的状态，它尤其会遭受自然选择。所以，这种转变阶段必定是很快地经过的，或者从统计学的角度说，这样的转变阶段可能是比较稀少的。最后，假如这种生物形态没有在转变阶段消亡，它就会达到基因平衡的新状态，在这新状态中它又能够保持很长一段时间。我们在自然界中发现的，正是这种状态，即一般说来，得到清晰界定的物种表现出突变，但不表现为连续的中间等级，只有在例外情况下，形成中的种群或中间等级的亚种似乎恰好处于物种形成的过程中。

相似的论证可能也适用于大类型组织的起源。前面已说过（第 93—95 页），微进化与巨进化之间并没有清晰的界线。然而，若我们预设进化过程是连续的，那就可能预料到从一种类型到另一种类型经历多长时间和多少相应的中间阶段。但是，我们并没有发现这种情况。相反地，在新类型产生的决定性的分支点上往往是一个未知的 X。即使知道了中间环节，诸如爬行动物与鸟类的中间环节始祖鸟，或环节动物与用气管呼吸的节肢动物的中间环节栉蚕属，或南非干旱台地的兽齿亚目的系列，那么这些形态也是稀少的，或只限于相当短的时期内的形成物。例如，始祖鸟，只有两个标本，与之相比，在索伦霍芬的板岩中发现的爬行动物化石标本有几千个。因此，欣德沃尔夫和其他古生物学家认为，进化不是一个连续的过程而是表现为阶段性的过程：最初是以迅速分裂成几种主要群的方式爆发性地形成类型的阶段；然后是缓慢的物种形成和在每个分离群内对其不同栖息地逐渐适应的阶段；最后是衰落阶段，可以这样说，在这个阶段，物种形态的多样性野蛮地增长，终于导致灭绝。欣德沃尔夫的看法可能是对的。他强调，通常人们论证地质时间对于物种以微小突变和选择的方式发生连续变化来说是足够的，其实这种论证方法是错误的。这仅仅考虑了进化过程的开端和终结，并假定中间阶段都充满了均匀分布的、逐渐的变化。但是，形态的多样性实际上是突然出现的。在一系列物种中，一个新的物种出现后，并不会连续地发展为另一个物种，而是在几十万年内保持不变，只有经历了这漫长的时间之后，它的后继者才会产生。在这些类型中，几个主要的纲从早期阶段就出现了。例如，被子植物的几个主要的纲在白垩纪早期就已出现，相似地，有胎盘哺乳动物的几个主要的目，例如食虫目、啮齿目、食肉目、有蹄目和灵长目动物，在第三纪开始时就已出现。在这以后的漫长年代里，只是充满了这些基本类型的较小变化。这种现象是欣德沃尔夫原生发生理论的基础之一。这种理论认为，个体发育早期阶段突然发生的变化会导致新类型的起源。这种观点与戈德施米特的有希望的畸形动植物的理论（第83页）相似。假定上述的阶段性进化过程的理论是正确的，那么，看起来似乎不需要假定微进化与巨进化之间有什么绝对的鸿沟，或假定想象中的“巨突变”有什么独特的性状了。动物和植物王国中有机体的基本类型为数不多，证明重大的进化性变化是以比较稀少和深刻的遗传性变化为基础的；可是，像欣德沃尔夫所说的，这并不意味着这些遗传性变化根本不同于已知的几种突变。考虑到各类型之间（如各物种之间）的过渡形态代表了不稳定的因而是短期的生存状态，类型的突然出现和中间类型空缺的现象也能够得到解释。

关于适用于物种和类型的保存，也适用于从一种状态向另一种状态过渡的稳定性状态的问题，我们可以称之为进化的“静力学”。对这些问题，今天只能初步地加以解答。另一个主要的复杂问题是“进化的动力学”，即支配进化性变化的规律问题。这个领域中已经有了某些有前途的开端。

每一条自然定律意味着对可以重复发生的自然现象的陈述。因此，如果我们想要确立进化定律，那就必须寻求这种重复发生的自然现象。我们在许多种有机体上出现的类似的[①]变化的现象中发现了这种重复性。虽然，将这些类似的变化按个别情况加以区分往往是困难的，但我们可以将这种类似性分为三类。第一类包括同源基因的变化；第二类包括发育过程的类似变化，即由不同的基因或不同的环境因素引起的相似的表现型；第三类包括在不同遗传和发育基础上产生的类似性。

许多基因和由基因内变化引起的突变，实验上表明是同源的。例如，不同种的果蝇的大量染色体区段表明了这种同源性。当有关基因通过已知的基因控制物质或所谓的基因–激素影响发育时，特别地表明了这一点。例如，在粉蛾中引起色素沉着的 a^+ 物质，与使果蝇的 v（朱红色）眼呈现野生型正常的暗红色的 v^+ 物质是相同的。像激素那样，这些基因控制物质不是物种特有的；v^+ 物质和 a^+ 物质是同源的基因–激素，v（果蝇的朱红色的眼）和 a（粉蛾缺乏色素沉着），以及与此相应的 v^+（果蝇野生型眼色）和 a^+（粉蛾野生型），分别是同源的突变和基因。类似的突变具有重要的临床意义，因为在人和驯养的动物上发现的对应的遗传疾病，是由类似的突变引起的，而且在动物身上易于作遗传分析。研究的有趣结果是分类学上大不相同的机体，诸如粉蛾、果蝇、兔和人，具有某些共同的基因，并由此表现出类似的突变。另一方面，研究的结果也表明，不同物种的差别，在很大程度上不是个别基因的差别，而是基因综合体的差别，即作为一个整体的基因的协

① 这里的“类似的”及下文中“类似”“类似性”原文为 parallel 和 parallelism，亦译“平行的”“平行”“平行性”。——中译者注

调性差别，这种基因协调性是某一分类群体所特有的。这个原理在一个重要领域即形态学领域内的意义将在后面再行考察（参见第二卷）。我们将会看到，相当大的一部分进化的变化和相当大的一部分生命形态的多样性取决于比率的变化，这种变化又取决于生长速率的协调性的差别，从而取决于基因综合体内部协调性的差别。

在或大或小的种群内发生类似的突变是一种普遍的现象。例如，我们在小麦的不同种内发现有芒的和无芒的形态，易碎的和牢固的穗，夏麦和冬麦，等等。类似地，“黑麦”属在细节上重复“小麦”属内所发现的种的系列。这种不同分类群体的“同源系列律”（Vaviloff）并不是没有实际意义的。在栽培植物中，表面上看来没有人们所期望的突变，但在相关的种和属中却发现了这种突变，于是人们期望，或许可以通过更深入细致的研究来发现这种突变，或者可以用辐射的手段来人工诱发这种突变。

第二类是由非同源基因引起的表现型上对应的突变。例如，我们在大不相同的物种诸如兔、鼠、猫、人类等中发现白化体形态。其中某些白化体是由同源基因突变引起的，另一些肯定是由非同源基因突变引起的，因为当形成色素沉着所必需的诸因子（通常是许多因子）中的一个缺失时，总会出现白化病。显然，如前所述（第 79 页），这种现象表明基因影响着从基因组到完整有机体的复杂生理过程。不同的因子可以通过相似的方式影响这个过程，并且表现型上相似的变异可以作为不同的突变基因的遗传性变异而出现，甚至也可以作为由环境因素引起的非遗传的拟表型而出现。

在某个特例中，不易确定某种类似性是属于第一类还是属于第二类，即它是以基因同源性为基础的，还是以无这种同源性的发育过程的类似偏差为基础的。无论怎样，我们几乎在植物学、动物学、人类学、古生物学和动物地理学领域中处处遇见类似现象，虽然对于这些类似现象现在尚未有综合性的探讨。例如，繁育和驯养动物在这方面提供了一个宽阔的领域。在极为不同的物种中，我们发现皮毛的类似变异，诸如白化、黑化、花斑、条纹、卷毛等。我们发现颅骨的变异，诸如"哈巴狗头"和长头；"德国种小猎狗腿"和其他变异，在相当大程度上有可能部分地归因于同源基因的突变，这些突变展现了分类学上大不相同的物种具有的共同遗传特征。例如，人的某些突变，诸如卷发因子，不同俾格米人种族中的侏儒症，很可能在空间和时间上互不相关的所有主要种族中重复出现。相似的情况也适用于所有人种中的体质类型，甚至驯养动物的体质类型也可以与人的体质类型作比较。最后，在古生物学中广泛存在着类似的系列。这些类似的系列可以在菊石、雷兽等不同的独立的种群中发现。像在雷兽中发生的进化趋势是由一种数量定律——异速生长定律（第 144—145 页）决定的。相似地，在动物地理学中，所谓地理规则，诸如伯格曼（C. Bergmann，1814—1865）关于寒冷气候带动物的体积大于温暖气候带动物的体积的规则，艾伦（J. Allen，1838—1921）关于比较寒冷的地区动物躯体暴露部分（肢、尾、耳）短小的规则，格洛格尔（C. L. Gloger，1803—1863）关于黑色素沉着随气温适中和气候干旱而减少的规则，至少是部分地建立在类似进化的基础上的。

第三类情况是，当遗传和发育的基础不同时，类似性也能显现出来。例如，拟态现象很可能部分地基于基因的同源性。然而，在某些蝴蝶中，极佳的拟态图案是由色素引起的，这些色素在化学成分上与正常形态中的色素是全然不同的。尽管遗传基础不同，但相似性是存在的，并且这种相似性必定通过选择的途径而产生。

在既非基于基因的对应性，也非基于发育的对应性的类似性中间，我们首先发现可称为生态类似性的那些现象。按照经典的定义，“同功”属于生态类似性，即器官在功能上相似，但在它们结构的位置和它们系统发育的起源上是不同的，例如鸟和昆虫的翅膀，或哺乳动物、昆虫和其他动物的胎膜便是如此。“趋同”（convergence）这个术语只适用于这样的情况：在系统发育上有共同起源的不同种群，由于对相似环境条件的适应，各自独立地产生类似的形成物。换言之，我们将同源的、后来朝不同方向发展，而最后变成同功的器官和结构，称为“趋同的”器官和结构。一个例子就是，适应于水生生活的流线型体形和鳍，最初是鱼具有这样的结构和器官，而后来经过陆生动物祖先的演化形态和返回海洋的演化过程，鱼龙[1]和鲸也具有这样的结构和器官。另一些例子是，有袋动物和有胎盘哺乳动物有着相似的适应类型，属于不同科的沙漠植物仙人掌、大戟和萝摩有着肉质的茎。这种生态类似性很容易符合于适应性的通常图式，也符合于产生这种适应性的进化因素的通常图式。

然而，毫无疑问，存在着若干进化原理，它们仅允许许多器官的进化有几种趋向。我们不妨引用最有名的例子：可以在扇贝、墨鱼和脊椎动物非常相似的形态中发现按照照相机原理构成的晶状体眼。从系统发育看，这些形态是大不相同的，并且从个体发育看，它们眼睛的发育也是不同的。在无脊椎动物中，眼是表皮派生出来的，在脊椎动物中，眼则是脑的派生物。不论怎样，一旦向形成复杂眼睛的发展路线被纳入系统发育，自然界显然只采纳经历扁平眼、窝状眼和晶状体眼的演替阶段的进化路线。因此，我们能在大多数趋异的动物种类中发现眼的这些演替阶段。这同样适用于组织的基本原理。例如，我们在原口动物门和后口动物

① 鱼龙：一种鱼形的爬行类动物。——中译者注

门中，在环节动物和脊索动物中，发现了次体腔、体节和循环系统的类似进化。这些动物门，就其结构而言，就其系统发育和个体发育而言，则是对立的。这种情况也适用于生理特征。例如，在动物界，只存在少数几种呼吸色素，主要是血红蛋白、红绿蛋白、蚯蚓血红蛋白、血蓝蛋白；这些呼吸色素可以分别在不同的动物种群诸如脊椎动物、羊角蜗牛和红色幼虫（摇蚊幼体）中发现。估计蛋白质数量可能达 10^{2700}，而宇宙中电子的总数为 10^{79}。虽然呼吸色素的形成物已出现过许多次（可能由氧化酶形成，氧化酶在绝大多数机体中是普遍存在的），但是，在这些发展趋向中，不同的生物只能选取其中一种趋向。

由此看来，进化过程中有机体经历的变化，不是完全侥幸的和偶然的，而是受到限制的。首先受到基因中可能变异的限制，其次受到发育中即基因系统活动中可能变异的限制，最后受到组织化的普遍规律的限制。

这些限制性因素好像与这样的事实有关：进化通常传导“直向进化”的影响，即生物具有朝一定方向演化的固有趋向的影响。如前所述，数学分析表明，在已知的突变速率内，选择压力的效应远远大于突变压力的效应。因此，对抗自然选择而决定进化过程的趋势意义上的直向进化，可能是例外的现象，或许这种现象根本就不存在。但是，进化不仅是由环境的偶然因素以及由此引起的生存斗争决定的，而且受内部因素的制约，在这个意义上，直向进化是存在的。“进化的绝境”，即朝不利的方向进化，似乎是在选择作用减弱的地方以及某个生物种群达到不受威胁的优势地位时出现的。于是，可能会出现那些“过分的形成物”，这通常预示着该生物种群濒临灭绝。例如，我们在中生代末期的巨大爬行动物和菊石中，同样在雷兽（第 93 页）、大角鹿等中发现这种情况。驯养的动物中也有相似的情况，其中在形态上存在局部畸形的各种个体，在受人工保护的物种中被保存下来，但是它们在野生条件下会很快被消除。比如，我们可以想到许多家狗、家鸽的变种，许多白化体小种，表现出内耳的遗传性扰乱的华尔兹鼠；相似地，诸如叭喇狗[①]类型、龋齿等“驯养现象”，在冰川时期将近结束时的洞熊那里就已出现了。在人类中，也是同样的原因使变异（诸如近视、龋齿、先天性易患疾病）增加和扩散开来，这些变异在野生状态中会很快被淘汰，但在文明条件下，却不再构成对生存的威胁。

在这个意义上，直向进化可能导致有利的结果，例如，在哺乳动物的系列中脑的体积趋于增大。但是，在上述的事例中，直向进化也会导致进化的绝境。无论怎样，在这种直向进化中，“利用原则”起着作用。不是逐渐适应造成直向进化，而是直向进化趋势最终可为新的、更高的成就创造必要条件。例如，不同种类的类人猿显示出头部形成的程度是不同的，根据杜波依斯（E. Dubois，1858—1940）的理论，类人猿从一个种群到另一个更高级的种群，它们的脑量是成倍增大的，但是它们的栖息地和行为并没有什么很大差别。相似地，原始人种具有像文明人一样大小的头脑，但是，这种高度发展的脑在原始人那里肯定没有得到充分利用，或许，即使在现代文明环境中也是如此。

虽然人们非常赏识现代选择理论，但我们得出了一种根本不同的进化观点。进化看来不是一系列偶然事件，构成这些偶然事件过程的仅仅是地球史上的环境变化和由此产生的生存斗争，以及环境变化和生存斗争所导致的对混乱的突变材料的选择。当然，进化也不是神秘因素的活动，诸如力求完善化，或趋向目的性或适应性。进化表现为一种本质上是由若干有机规律共同决定的过

① 叭喇狗：一种颈粗性野的狗。——中译者注

程。在某些适当的事例中，这种进化过程可以用精确的方式表述出来。我们不必对有关进化的诸因素作出承诺。由于已发生的突变具有某些偏好的路线，或仅仅由于“直向选择”青睐某种进化趋势，是否可说进化具有可循的规律？我们可以将这个问题留待以后再行解决。系统发育中是否发生过“巨进化”尚成问题，这种“巨进化”与从实验中得知的突变是根本不同的。对这个问题，我们不能解决，因为我们无法重演进化，而且这个问题也不是头等重要的。真正重要的是作出这样的陈述，即：进化不是一个随机过程，而是受一定规律支配的，并且我们相信，发现这些规律，将成为未来进化论的一项最重要的任务。①

5. 进化Ⅲ：非科学的插曲

最早用随机事件解释有机体“适应”的达尔文主义者是前苏格拉底的古希腊哲学家恩培多克勒（Empedocles，公元前495—约前435）。他的一篇著名残篇说，生命是在火的影响下从潮湿的泥

① 这本著作写完之后，本作者方才知道伦施（B. Rensch，1900—1990）所写的杰作《进化论的新问题》（*Neuere Probleme der Abstammungslehre*）（Stuttgart，1947），伦施论述的基本问题是：那些已知的物种形成的基本因素（突变、选择、种群的波动、隔离）是否也足以解释巨进化（用伦施的术语称为超物种的进化）？或者是否必须假定物种具有自发的进化力量以解释巨进化？伦施按前一种想法作了回答。然而，动物躯体的组织结构和环境变化，都没有为完全偶然的进化性变化留有余地；在许多生物进化的具体事例中，存在着作为“进化的强制因素”而起作用的限定条件。伦施的著作可能是综合巨进化的规律的最初尝试。本作者乐意承认伦施的观点与自己的观点，尤其是自己在《理论生物学》（*Theoretische Biologie*）第二卷中的观点一致，并望读者参阅伦施的著作。我们将在下一本著作再探讨这些问题，那时可以详细地论述“动态形态学”的问题。

土中冒出来的；起初形成单个头、眼、肢，然后它们组合成怪物，诸如有许多手的动物，人头的牛，牛头的人身，直到偶然地出现能够生存的不可名状的生物；这些生物便是今天植物和动物的祖先。人们也知道，达尔文的理论是他同时代的国民经济状况在生物科学中的应用。达尔文最重要的出发点是马尔萨斯关于生物增殖速率高于可得食物数量增长速率的论述。相似地，用“得益”（profit）和“竞争”（competition）的术语考虑生物现象，符合曼彻斯特学派的国民经济学。就这些一般概念而论，人们在情绪上对“达尔文主义”的反感是根深蒂固的。一方面，路德维希诙谐地提出反论：“从原始小虫一直到歌德和贝多芬的进化，好像是个别基因发生侥幸的‘偶然事件’的产物。”另一方面，尼采（F. Nietzsche，1844—1900）认为达尔文主义含有民众为他们野蛮生存而斗争的“贫穷气味”，因而对达尔文主义的“小贩哲学”怀有愤恨。

进化论领域中存在着我们在生物学所有领域中都可以发现的同样可供抉择的观点。一种是机械论观点，它把生命看作无目的和偶然的东西，因为似乎只有这种无目的性和偶然性才是真正的科学理论的基础。另一种是与此相反的观点，好像唯一的抉择就是假定生命活动中存在着科学上无法把握的和神秘的因素。同其他生物学领域一样，进化论领域中的这两种观点的综合，便是机体论定律。

如果我们作朴素的、无偏见的沉思，可以发现自然界并不像一个精打细算的商人，她倒是像一位富于奇想的艺术家，一会儿创作出充满幻想的作品，一会儿又浪漫地自嘲，毁坏其作品。“经济”原理和“适应”原理只有在匹克威克式的意义[①]上才是真实

① 匹克威克式的意义（Pickwickian sense）指词语有特殊的或专门的意义。——中译者注

的。一方面，自然界是吝啬的，比如，当她坚持废除已经微不足道的退化器官时，即是如此。如同选择理论所主张的，这种微小的经济性具有足够的优势，以至于在生存斗争中起决定性作用。另一方面，她产生丰富的色彩、形态和其他创造物，这些东西就我们所能看到的而言，是完全无用的。例如，蝴蝶双翼精美的艺术性，在功能上不起什么作用，甚至眼睛不完善的蝴蝶本身也不能欣赏这种彩翼之美。

创造物的丰富性和有趣性好像表现为同一组织层次（第 90—91 页）上形态的“横向”多样性，也表现为组织的“纵向”进步性，而这些多样性和进步性可以认为是“有用的”，但不必定是“有用的”（第 95 页）。我们早已说过，这些看法并不是对选择理论的一种反驳。然而，有两方面的问题我们仍然感到不满。

从科学的观点看，我们不能满足于如下贫乏的解答：在已确立的进化因素范围内全都是可能的，进化是通过有利的选择而以某种方式出现的，或纯粹是通过随机突变的基因分布的偶然性而被允许生存下来的。与此相反，我们想要知道的是，能够“一齐暗示”的“秘密规律”是什么。

另一方面，作为现代的人，我们倾向于把功利主义理论看作像新西兰大蜥蜴那样的一种活化石，看作维多利亚时代上层社会和中产阶级哲学的遗风。这是 19 世纪和 20 世纪初期社会状况对二十亿年地球史[①]的投影。“进步”是“有用的”，因此，“有用”是“进步的原因”。以后的“伟大时代”把这种观念原封不动地转换成斗争是万物之父的观念。但是，达尔文主义所依据的社会学中类似的理论现在不再令人信服。这种演绎推理的大项是浅薄

① 原文“two billion years of the earth’s history”，指自地质年代元古宙（曾称“元古代”，藻类和细菌开始繁盛）以来的生物进化的历史。——中译者注

的或轻浮的，小项肯定是假的。人类在科学和技术方面的进步，肯定不是因那种改进适应性的需要而产生的。先有热的理论，然后按照“利用原理”，才有蒸汽机；先有赫兹（H. Hertz，1857—1894）发现电磁波，然后才有收音机和雷达。第二次世界大战也许是第一次由需要引起原子弹的“应用研究”，这导致了原子物理学的迅速发展，进而导致了“基础研究”的迅速发展；这种科学和技术的发展对人类有什么益处是非常可疑的。突出地标志着我们文明（但这只是我们西方人的文明，而不是古代的、印度的或中国的文明）的科学技术的进步，是一种固有的和很可能是悲剧性冲动的表现。科学技术带动我们永不停息地向前发展，它的进步不是因为它有益于个人、国家和人类，而是因为它纯属“按照涌出的规律”（Goethe）进行活动的结果。

所以，进化看来不仅仅是由利益支配的偶然性产物。进化好像一幅象征丰饶的创造进化的图画，一出充满悬念、冲动和悲剧性复杂情节的戏剧。生命艰辛地螺旋形向较高的和更高的水平上升，每上升一步都付出代价。它从单细胞发展到多细胞，同时也把死亡带到了世界。它进入更高的分化和集中化水平，为此付出的代价是丧失了受扰乱后的可调节性。它造就了高度发展的神经系统，并因此而带来疼痛。它给这种神经系统的原始部分增加了有意识的大脑，这个大脑借助于符号的世界预见和控制未来；同时它迫使人们对未来焦虑不安，而野兽是不知道未来的；最后，它也许不得不为这种带有自我毁灭因素的发展付出代价。这出戏剧的含义是未知的，除非它达到了神秘主义者所谓的“上帝对自我的认知”。

可是，从科学的观点来看，生命的历史似乎并非随机变化的累积的结果，而是受规律支配的。这并不意味着有神秘的控制因素，以拟人的方式朝着逐渐适应、合理或完善的方向努力。相反地，存在着我们目前在某种程度上知道的，并且有希望在将来知道得更多的规律。自然界是一位富有创造力的艺术家；但艺术不是偶然的或任意的东西，而是伟大规律的实现。

6. 生命的历史特征

有机体表征为三个最重要的属性：组织化、过程的动态流和历史性。如前所述，“生命”不是一种诸如电、引力、热等的力或能，力或能内在于任何自然物或可以传递给任何自然物。生命只限于具有特定组织的系统之中。生命的另一个特征是有机体中的连续流和过程的模式。最后一个特征是，每个有机体来源于同类的其他有机体，它不仅带有现存个体自身的过去的特征，而且带有它以前世代的历史特征。不久前，我们试图根据生命有机体的基本特征，将生命有机体定义为“稳态系统的等级秩序”。可是，这个定义遗漏了一个重要特征，关于这个特征我们可能说得不太确切，但肯定不会完全丢失要点。

在物理系统中，通常只根据瞬间的诸条件来确定事件。例如，就一个下落物体而言，不论它怎样下落，它总是到达一个瞬间位置，就一种化学反应而言，不论它以何种方式进行，总会产生反应的化合物。可以说，在物理系统中，过去[①]是被抹去的。与此相对照，有机体显示为历史性的存在物。例如，当人的胚胎在一定阶段显示出鳃裂时，它揭示了在地质年代中哺乳动物是从像鱼那样的生物进化而来的。相似地，我们也发现了有机体行为的“历

① 即历史。——中译者注

史性”；动物或人类作出的反应，依赖于有机体在过去所遇到的或产生的刺激与反应。根据这种特征，黑林（E. Hering，1834—1918）作出了关于“记忆是有机物质的一般功能”的假定，西蒙（R. Semon，1859—1918）、布洛伊勒（Bleuler）、里根纳诺（Rignano）则提出了生命的记忆理论，认为进化与个体有机体中的记忆有着平行的关系。

的确，某些物理现象并非完全没有对过去的依赖性。例如，可以在残留的磁性、弹性和胶体行为中发现滞后现象。如此一来，通过加热方式进行液化的胶体可以再度固化，但是如果这种固化胶体再次液化，熔点便会降低。因此，它们的行为如此依赖于先前的历史。拉谢夫斯基（N. Rashevsky，1899—1972）①指出，滞后现象基于这样的事实：上述系统具有几种平衡态即最小自由能的状态。在这个事例中，环境并不明确地决定该系统的状态，因为，该系统能够在同样的环境中以几种不同的平衡态存在；实际达到的状态是由先前的历史决定的。拉谢夫斯基已分析了这些实例，从热力学和动力学的观点来看，由于滞后现象在无机事件中的意义不大，因而很少有人用理论物理学对这种现象进行思考，并研究物理系统中的“学习”功能。按照他的看法，具有几种平衡态的系统有若干条件反射特征的属性。这类系统能够有条件地对环境空间与时间的“变化模式”作出反应。根据这些思考，拉谢夫斯基及其同事得出了关于大脑机制和行为的深刻理论。

对过去的这种依赖性可用数学表达出来，这已是众所周知的。上述情况都可以用微积分方程来处理；在定义系统变化的方程中，出现了有关时间的积分，用以表达该系统以前历史中所发生

① 拉谢夫斯基：《数学生物物理学》（*Mathematical Biophysics*），芝加哥，1938 年；第二版，1948 年。

的变化。这种“后效应物理学”原理是由沃尔泰拉（V. volterra，1860—1940）和唐南（F. G. Donnan，1870—1956）建立起来的。[①]

然而，这种理论没有包括有机体的基本历史特征。按照海克尔的生物发生律，有机体的基本历史特征表现为：原基在个体发育过程中逐步展开的特征，正是在系统发育过程中积累起来的历史特征。海克尔的生物发生律虽然在细节上需加以修改，但大体上是正确的。人类的胚胎展现了从原生动物到鱼类、两栖动物、爬行动物到原始哺乳动物的几十亿年的系统发育史，但这个漫长的历史只在九个月内就重演了。原基在系统发育中的积累和原基在个体发育中的展开，这双重过程，倒是可以与唱片相比——唱片上有录音时留下的、与演奏的美妙音乐相对应的痕迹或“印迹”，当放唱片时，这些痕迹或“印迹”再转变成声音。可是，遗传学没有说明称作“基因组”的唱片的本性。

遗传学和实验进化论仅仅关注已有基因的突变。但是，进化显然不只包括已有基因的变化，也包含某些新基因的创造。否则我们会走向荒谬的预成论，即必然会假定人类现有的基因早在原始的阿米巴身上就已有了。实际上，除了偶然的复制，例如，果蝇棒眼突变的偶然复制（第 86 页），我们并不知道新基因的起源，从这里很难得出有深刻意义的结论。我们也几乎不能说出在各种有机体中基因的绝对数目。染色体数目与物种在分类或系统发育中的位置没有确定的关系。至少就基因被解释为分离的单位而言，这些思考是能够成立的。从统一的遗传基础概念来看，也许不能将系统发育的变化解释为新基因的增加，而应解释为作为一个整

① 沃尔泰拉：《生存斗争理论教程》（*Lecons sur la théorie de la lutte pour la vie*），巴黎，1931 年。——唐南：《积分解析和生命现象》（Integral analysis and the phenomenon of life），《阿克塔理论生物学》（*Acta biotheoretica*），2/3，1936—1937 年。

体的基因组向新状态的转变。相似地，心理上的记忆应当解释为整个“脑区”的变化，不应解释为分离的和个别的记忆痕迹的积累（第201—202页）。

这里出现了更深一层的问题。按照热力学第二定律，（宏观）物理事件的总方向是趋于有序的减少和组织化程度的减少（参见第188页）。与此相对照，进化中似乎存在着朝增加有序的方向发展的趋势。作者很早以前就谈到这个重要的特征（例如，von Bertalanffy, 1932, p.64）。沃尔特里克称之为“渐进变化”（anamorphosis）。在物理过程中，偶然性和统计概率朝消除差异的方向起作用，像在热平衡的建立和能量的耗散中那样，按照熵定律，分子的随机运动使差异消除。相反地，在生物领域中，按照选择理论，偶然性在趋于增加分化和复杂性的方向上起作用。

这里可能有三个要点需要加以考虑。第一，熵定律并不排斥向更高有序的转变。例如，形成高于分子的组织层次的结晶过程，当然遵循熵定律；这可能因为存在着空间矢量——出现化合价或晶格力——而且熵定律仅仅表明，在作为一个整体的系统中即晶体加溶液的系统中，自由能必定减少。如果在有机系统中存在着组织力即“更高层次上的结晶化的力”，那么它们的渐进变化不会与熵定律发生冲突。第二，我们可以考虑宏观物理事件与微观物理事件之间的深刻差别。按照热力学第二定律，宏观物理事件朝着消除现存有序的方向演变。但是，就原子内部事件和宇宙事件而言，按照量子物理学定律，会发生导致更高有序的过程。例如，在恒星内部，会有较重元素的形成而不是放射性衰减，因此，“渐进变化”是可能的。也许，生物的渐进变化最终也要根据量子物理学的观点加以考虑，正如用量子力学观点考虑突变问题可能是真实的（第98—99页，第173—174页）。第三，这里有一个最近才发现的和最重要的问题。与封闭系统中的总趋势相对照，在开放系统中可以出现熵减少的趋势，并由此转变到更高程度的非均匀性状态和复杂性状态（第 133—134 页）。

有机体表现为一种空间整体，它在其各组成部分及诸部分过程的相互作用中显示出来。相似地，有机体内的过程是由整体的空间系统（而不是由孤立的因果链）决定的，看来它们也是由整体的时间连贯关系（而不只是由瞬间状态）决定的。空间的整体性和历史性可能终究是同一时空整体的不同面相。在我们所考虑的四维时空整体中，时间维表现为除空间坐标之外的第四坐标。比方说，世界冰冻成四维的“时间风景”，四维可以表示同一实在的不同面相。无论在空间上还是在时间上，生命系统的行为都不可能由单一因果关系决定（单一因果关系，意即有机体代表了孤立的因果链的总和，它是由瞬间状态决定的），而是由整体的时空模式决定的。这个概念与波动力学的陈述有某些相似之处。如果我们能够用一个公式来表示有机体的完整过程的话，那么，这个公式可能便是微积分方程，它同时表明了空间和时间的整体。这是些深奥的问题，必须联系理论物理学和一般系统论（第 209 页以下）加以处理。

我们只能把所有这些问题提出来。目前，我们既没有事实根据，也没有理论工具对这些问题作出精确的解答。

7. 神经系统：自动机或动态相互作用

当我们接受体格检查时，医生做的初步检查工作之一，是要用小锤轻叩放松下垂的腿的膝腱，而腿会向上反弹。医生探查的是某种反射弧。膝腱内有感受器，轻叩刺激了这些感受器。兴奋流经过神经通路——感觉神经，进入脊髓。那里的神经中枢把兴奋从感觉神经转换到运动神经中去。通过后者，兴奋流进入肌肉，肌肉引起收缩，腿因膝痉挛或膝腱反射而向上反弹。如果没有反应，就意味着反射弧有障碍。因此，检验这种反射和其他反射，是诊断神经系统疾患的基础，神经系统疾患的症状是某些反射的丧失。

中枢神经系统过程的领域，以及行为的领域，从生物学和医学的观点来看是同等重要的，这些领域的最新发展引人注目地表明了机体论概念的兴起。

19 世纪著名神经病学家创立的传统的神经中枢和反射理论，试图把神经系统分解为具有确定功能的装置的总和，相似地，也试图将动物行为分解为在这些结构中发生的可分离的过程。这样，首先，脊髓被看作按分节的次序堆积起来的反射装置的支柱。其次，延髓包含许多反射中枢，也包含重要生命活动的自动中枢，这些自动中枢的功能不需要外界的刺激，诸如刺激呼吸活动的呼吸中枢，血糖中枢，控制心搏的中枢，血管舒缩中枢，等等。最后，脑也显现为许多中枢区域的总和：大脑皮层的运动区，对应体肌的个别部分，控制它们的随意运动；感觉区，代表了将不同感觉加工为有意识的知觉的装置；联想区，具有比较高级的智力功能，尤其是记忆和学习的功能都在这些区内。

有关神经系统的反射、神经中枢、定位的理论，是以大量实验和临床的事实为基础的。可是，有其他人们熟知的事实，表明神经系统内有大量的调节能力，因而与这个理论有着明显的差别。例如，由面神经变性引起的麻痹，临床上采用将副神经或舌下神经的纤维移植到面肌的方法，是可以治愈的。过了一些时候，病人又能够控制他的面肌，虽然补给的神经是非常规的。或者就按绍尔布鲁赫[①]法所做的修复术而论，缚在残肢上的假肢可以由屈肌的正常活动而伸展，也可以由伸肌的活动而弯曲。这类经验表明，神经和中枢并不是不可改变地和机器式地固定为某一种功能。贝特（A. Bethe，1872—1954）、冯·布登布罗克（von Buddenbrock）和其他人做的许多实验都表明了这点。例如，昆虫、蜘蛛和蟹的移动特点是所谓交叉缓行。就是说，在一个步骤中，左侧的第一、第三条腿和右侧的第二条腿同时向前移动；在随后的步骤中，相反侧的腿一同移动。如果其中一些腿被截除，那它马上就会重建交叉缓行，而不需要经过一段时间的学习。当然，这时剩余腿活动的协调性，是与正常腿的活动不同的。因此，腿的活动不可能取决于某种固定的控制机制，而必定取决于作为一个整体的周围神经系统和中枢神经系统的状况。

于是，我们发现了传统中枢理论所依据的事实与这些中枢神经系统调整机制的事实之间的一种对抗。后一类型的事实也具有重要的临床意义，因为它们表明了神经系统受扰乱后有可能修复的根据。本作者想在这里重述自己早期的一些陈述（von Bertalanffy，1936，1937），因为这些最初基于机体论概念形成的论点，已被最近的研究充分验证了。因此，这些事实极好地表明了机体论概念作为一种作业假说的价值。

传统的反射和中枢理论把中枢神经系统看作许多孤立的个别机制的总和。不管怎样，如果这种理论不是根据成年人的经验提出的，就不可能产生这种概念。事实上，我们在很大程度上找到了中枢神经系统的各个部位

① 绍尔布鲁赫（Ferdinand Sauerbruch，1875—1951），德国外科医师。——中译者注

与一定功能之间的固定关系。破坏腰椎神经会引起膝反射功能的消失，损坏脑的视觉中枢会造成脑皮层盲，刺伤呼吸中枢会引起呼吸活动的停止进而导致死亡，等等。不过，临床上和实验上有关调整的事实表明，这种固定关系也不是绝对的，不能简单地把神经系统看作许多固定的反射装置的总和。无论如何，当我们考察中枢神经系统的系统发育和个体发育状况时，便会理解这种对立关系。于是，我们发现可以应用逐渐机械化原理来说明这种现象。中枢神经系统从机械化程度较低的状态发展到机械化程度增高的状态，这里它在很大程度上好像表现为许多固定机制的总和，虽然这种机械化绝不是完全的，正如调整现象所表明的那样。我们可以在脊椎动物的系列中看到神经中枢在系统发育过程中的逐渐固定。在最低等的脊椎动物中，只能发现很少的且含糊界定的神经中枢（盲鳗属，Herrick，1929）。猴的运动神经区域远不如类人猿那样边界清晰。用电刺激类人猿脑皮层的某些点，可以引起手指孤立的活动；猴子则不是这样（Sherrington，1907）。相似地，中枢神经系统的个体发育表明，并不像传统图式所假定的那样，局部反射是原有的；相反地，这些局部反射是从整个躯体或较大的躯体诸部位的原始活动中形成的。这在极为不同的物种诸如美西螈、猫、鸟和人的胚胎中得到了证明（例如，Coghill，1930；Coronios，1933；Herrick，1929；Kuo，

1932）。

因此，可以勾勒出如下神经系统发育的图像。它的最初状态在很大程度上表现为一个具有均等潜能的系统，然后某些部分逐渐地获得越来越特化的功能。这相似于发育的状况：胚胎最初是具有均等潜能的系统，然后逐渐确定器官形成区域，这些区域固定地具有某些确定的功能，并且只能产生出一个单一的器官。相似地，某些确定的反射弧也是从作为一个整体的躯体的原初活动中分化出来的。然而，它并没有完全丧失执行其他功能的能力。甚至传统理论也不得不假定有“副中枢”存在，当主中枢（诸如脊髓中呼吸中枢和血管中枢）不再起作用时，副中枢就起作用。因此，这些中枢并非清晰划界的部位，但它们的功能在一定程度上可以由中枢神经系统较广泛的诸部位执行。然而，在正常状况下，每种功能是由“我们所知道的最好的”部分控制着的。如果这些“控制部分”遭到破坏，那么其他诸部分可能会接替这些功能，虽然这些接替部分的效能较低。心脏功能的例子可以最令人信服地说明这个原理。在正常情况下，窦房结（心房中起心跳起搏器作用的系统）是控制部分，它调节心搏。当完全的心脏传导阻滞妨碍窦房结的活动时，房室结（在心房与心室之间的边缘）接替这种控制功能，心搏活动才得以继续进行，尽管心搏是以田原淳节律（Tawara-rhythm）的缓慢速率进行的。最后，甚至希氏束[①]（心脏起搏器系统的最后分支）也能引起心搏。相似的原理显然适用于神经系统。感觉器官、神经中枢和作为效应器的器官之间的协调活动，导致了一定的反射通路的建立，这些反射通路通常以固定的和机器似的方式对相应的刺激作出反应。但是，这种特化并不是绝对的，并且神经系统显示出可调节性，因为它的原初均等潜能在发育期间虽受到限制但并没有完全丧失掉。

临床上和实验上有关神经系统调节的证据表明，神经系统各个部分的功能取决于作为一个整体的系统的实际状态，取决于与外周器官（感官、肌肉）的关系。因此，在失去一条腿或几条腿的甲虫和蟹中，神经系统内的协调取决于剩余腿的数目和排列状况。如果器官为非常规神经所补充，那么反射通路和神经中枢的功能可能会改变。但是，完整无损的动物的反应也不只是由某个确定的神经中枢的作用单独地决定的，而且在不同程度上还由作为一个整体的神经系统的状态所决定。由于这个原因，许多反射只能在除脑动物身上清楚地显现出来，而不能在完整无损的动物身上表现出来。在未受损伤的动物身上，这些反射受到作为一个整体的神经系统内的相互作用的深刻改变。可是，如果各个部分的功能依赖于整个系统的状态，那么，就会得出这样的结果：反应的协调性不是或不完全是由固定的排列决定的，而

① 希氏束亦称房室束。——中译者注

是受作为一个整体的系统内的动态规律支配的。

反射理论把反射弧即对外界刺激的反应，看作是行为的基本要素。相反，最近的研究表明，更确切地说，反射弧具有自主功能，这种自主功能应被看作是原本的。自动的器官，例如，心脏、神经中枢（如呼吸中枢），就是实例。反应机制（反射弧）似乎都是在原初的节律–运动机制的基础上发展起来的。例如，这表现为这样的事实：感觉神经细胞只是在运动神经细胞发生作用之后，才参与对运动的控制。在美西螈幼体中，这些运动在运动神经细胞和感觉神经细胞发生联系以前就出现了；因此，这些运动不可能是对外界刺激的反射，因为反射弧的感受器部分还没有与运动神经部分发生联系。它们是由运动神经细胞本身产生的自动活动（Coghill，1929，1930）。在人类胚胎中，最初的运动也具有自动的性质（Langworthy，1932）。

我所勾勒的概念不仅适用于个别器官的功能，而且适用于作为一个整体的有机体的行为。在许多有机体内部，处于相同环境（没有外界刺激）下的正常状态，也不是静止的，而是迅速地、活泼地运动着的。相似地，我们在本能行为中也发现了这种自主活动。这里，它表现为完成某些运动的“驱动力”。这种驱动力出现于某种没有外界刺激和外因作用的生理状态中，比如，出现于寻觅食物和寻找性伙伴中。

这些洞见导致了对“刺激”概念的修正。如果有机体原本就是一个能动的系统，我们必须说：刺激（即外界条件的改变）并不是在内部非能动的系统中造成一个过程，而是在内部能动的系统中修正该过程。这引出了重要的结论：最终决定有机体反应的，与其说是外界影响、刺激，而不如说是内部境况，是远离正常态——心理学上称之为“需要”（need）。这符合事情的实际状况。有机体的活动首先不是由刺激引发的，而是由寻找食物、寻觅配偶等需要促动的。这些“驱动作用”最终使有机体达到恢复正常态的境况。由内部状态而不是由外部刺激引起的驱动作用，与由外部刺激引起的反应之间，只有程度上的差异。而后者主要也还是取决于生理状态，比如饥饿的动物一看见被捕食的动物就作出进攻的反应，但如果是饱食动物，它们就不会留意被捕食的动物了。普夫吕格尔（E. Pflüger，1829—1910）作出过这样的经典陈述（1877）：“需要的理由便是满足需要的理由。”他意欲据此表达生物所特有的灵魂似的目的性。但是，活力论陈述或心理学陈述并没有表达出任何东西。它只是说，偏离生理平衡状态就会导致种种行动，直至最终恢复到正常态。

我们还在本能行为中发现了一种逐渐机械化或确定性，它与胚胎发育中的情况极为相似。我们可以在石蛾的幼体中看到这种极好的例子，这些幼虫用石子、木材、松叶等建起漂亮的小室（Uhlmann，1932）。这些小室可以区分为几种不同的类型：第一种只是松散地搭建起来的昆虫栖居的管状小室；第二种是用建筑材料紧凑却无规则地搭建的；第三种是幼虫加工建筑材料并以砖块方式将这些材料筑成具有匀整构造的小室。原始物种有“多种潜在性”，即它们能利用不同的材料；高度特化的物种只有“单一潜在性”，即只能利用一种特殊的建筑材料。同样地，个体发育起初有多种潜在性，在比较成熟的幼体逐渐特化为一种特殊结构的过程中，这种潜在性便逐渐受到限制。如果这种小室被毁坏了，又会筑起新的小室，而这样一个过程同一动物能反复达六十次。这些重建的结构与常规结构经历了同样的几个发展阶段；动物的个别经验并不起作用。我们由此可看到本能行为的基本特性与胚胎发育规律有着惊人的相似。

这样，刺激–反应现象的领域和行为的领域尤其清楚地表明了前面提到的（第20—21页）机体论观点的必要性。与分析的和累加的概念相对照，我们有了过程依赖于整个系统的概念。与结构的和机器式的有序相对照，我们发现动态有序的首要性和逐渐机械化的原理。与认为有机体的反应特征是首要的概念相对照，我们认为有机体作为能动系统的特征是首要的[①]。

---

① 此处“首要的”，原文primary，词义还有“原本的”。本书第一章第二节概括机体论概念的要点之三“有机体原本是活动的概念”，与此句意思对应。——中译者注

新近的研究完全证实了这些观点。冯·霍尔斯特（von Holst）根据细心而广泛的实验研究的结果（例如，Holst，1937），得出了神经系统能动性的“新概念”。在他看来，运动性的活动，诸如虫的爬动，环节动物的跑动，鱼的游动，等等，都是由神经中枢的自动行为引起的，而不需要外界的刺激。因此，这些运动也可以由“非传入”神经系统（即与感觉神经的联系被切断后的神经系统）控制。与固定反射的理论截然不同，它进一步表明，运动的协调性不是僵化的，而是可塑的，并受动态原理支配，受神经系统内的相互作用支配。“相对协调”和“磁性效应”，即由某一自动行为施加的倾向，例如一只鳍的运动，将它的节律或一定的相位关系强加给另一只鳍，则属于这些原理。因此，冯·霍尔斯特认为，反射不是行为的基本要素，而是使原有的自动行为适应于变化的周围环境的手段。洛伦兹（K. Lorenz，1903—1989）在他研究本能行为的工作中，针对自主活动的原初天性提出了相应的概念。在本能活动中，预先形成的连续冲动，即所谓遗传性的协调活动，起着主导作用，它们通常不受某种刺激就显现出来，并且仅仅为外界刺激所修改。本能活动原有的自动特征，在某些生理条件下尤其表现为无刺激状态中的“空转反应”。例如，没携带筑巢材料的鸟，在广阔的天空中表现出筑巢的活动。

对知觉和精神生活的心理研究，也得出了与动物的反应和行为的生理研究相似的结论。知觉和精神生活的心理研究的发展集中在格式塔理论（第 200 页以下）。冯·霍尔斯特也强调在神经协调的动态原理与经验的格式塔之间有着深刻的一致性。

胚胎发育调节原理、神经系统中兴奋分布原理和格式塔知觉原理之间的一致性，是同样有趣的。例如，如前所述，破坏脑的视觉中枢的两侧，会造成脑皮层盲。只破坏一侧，会产生偏盲，即失去两眼视野的一半。这种偏盲症，在实验室用适当的方法即视野计测量法，很容易诊断出来。可是，在日常生活中，病人感受到的并不只是一半的视野，而是完整的视野，尽管这个视野比正常的小些。这种调节有可能通过最清晰视觉的新点的形成而得以实现。与正常的相比，这种新点发生了移位。因此，脑皮层的余留部分几乎能做像以前完整无损的器官所做的工作。这类似于杜里舒的实验，即半个胚胎系统能完成像完整的胚胎系统一样的活动（Goldstein）。胚胎发育的原初均等潜在性和逐渐确定，与神经系统功能原初均等潜在性和逐渐确定之间的对应，前面已论述过了。相似地，在胚胎发育领域内组织者发生作用的方式，在神经系统领域内中枢发生接替功能的方式，我们都可以看到“控制部分”的原理。

第四章

生命的规律

· *Laws of Life* ·

因斯布鲁克大学主楼，贝塔朗菲曾在这所学校学习

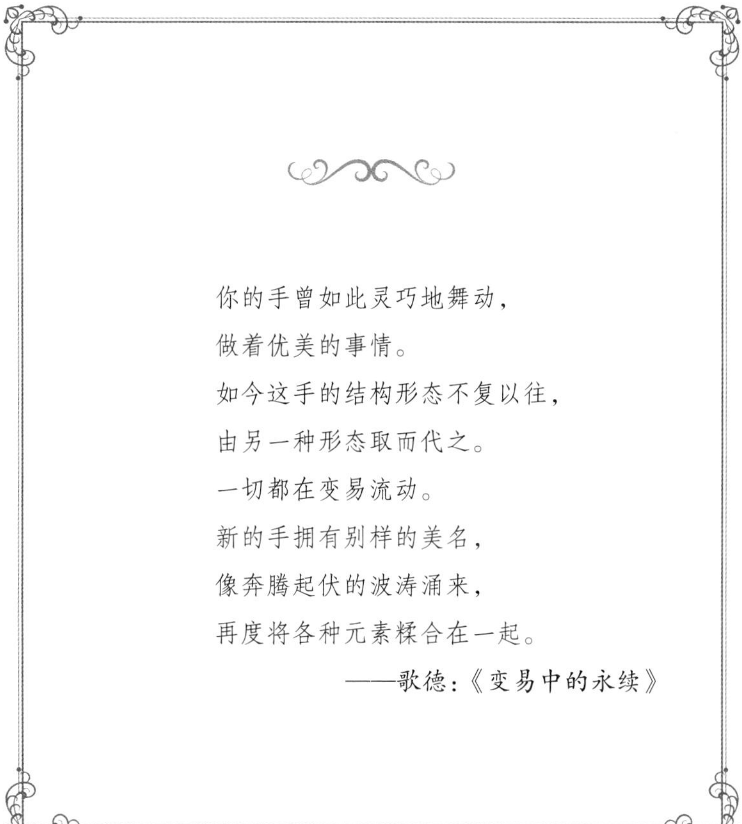

你的手曾如此灵巧地舞动，
做着优美的事情。
如今这手的结构形态不复以往，
由另一种形态取而代之。
一切都在变易流动。
新的手拥有别样的美名，
像奔腾起伏的波涛涌来，
再度将各种元素糅合在一起。

——歌德：《变易中的永续》

1. 生命之流

“你不能两次踏入同一条河，因为向你流来的永远是新的河水。”古代黎明时期盛传的这句格言出自以弗所[①]的赫拉克利特，当时人们称他为“晦涩哲人”。很容易看出，赫拉克利特在希腊人眼中应该像是个外国人。希腊世界是受阿波罗（Apollo）的静态和谐的理想统治的，这既表现为他们的大理石雕塑，也表现为柏拉图的作为现存事物的塑形原型的理念。可是，赫拉克利特是酒神狄俄尼索斯（Dionysus）式的思想家，他把事件的不停息的流动视为现实事物的本质。但是，这使他与他当时的世界相疏远，而接近于我们的世界。北方的神不是灿烂阳光下的古典大理石雕像；它们在雷暴雨中显露自身。古代神话中表现的这些基本倾向，在现代科学的抽象性中仍保持着活力。因此，希腊人用雕塑家的眼睛看原子，把原子看成微小坚固的物体；西方世界的物理学已把原子分解为力的活动，波动力学的节点。

在赫拉克利特看来，永远变化不息却又永远持续存在的河流象征着世界。不仅我们周围的世界——这是赫拉克利特想要表述的世界——而且甚至连我们自身从某一瞬间到另一瞬间，也不是同样的。用赫拉克利特的这一思想，我们可以确切地指出生命世界的深刻特征。

当我们比较无生命对象和有生命对象时，我们可以发现两者之间的鲜明对照。例如，晶体是由无变化的组分构造成的；它们也许可保持几百万年。然而，活机体只是在表观上持续存在和稳

① 以弗所（Ephesus）亦译“爱菲斯”，小亚细亚的一个古城。——中译者注

定不变；实际上，它是一种不断流动的表现。新陈代谢是所有活机体的特征；新陈代谢的结果，表现为活机体的组分从某一瞬间到另一瞬间是不相同的。活的形态不是存在（in being），而是发生（happening）。它们是物质和能量不断流动的表现，这些物质和能量通过有机体，同时又构成有机体。我们确信自己保持同样的存在；实际上，我们躯体中的任何物质组分几年之后几乎都不复留存；新的化学成分、新的细胞和组织，取代了现存的化学成分、现存的细胞和组织。

我们在生物组织的所有层次上发现了这种连续的变化。细胞内构成它的化学成分不断发生破坏，在这过程中，细胞仍作为一个整体而持续存在。在多细胞有机体内，细胞不断地死亡，又被新的细胞代替；但有机体仍作为一个整体持续存在。在生物群落和物种中，个体不断死亡，新的个体又不断产生。因此，从某种观点看，每个有机系统似乎是持续存在和固定的。但是，表面上看来某个层次上持续存在的组织系统，实际上是在下一个较低的系统（如细胞内的化学组分系统、多细胞有机体内的细胞系统、生物群落内的个体系统）的连续的变化、形成、生长、消耗和死亡的过程中得以维持的。

这种有机体的动态概念可以看作是现代生物学最重要的原理之一。这个概念引出了生命的基本问题，并使我们能够对这些基本问题进行探索。

从物理学观点看，我们发现活机体特有的状态，可以用这样的陈述来加以定义：就其周围环境而言，它不是一个封闭系统，而是一个开放系统，这个开放系统不停地将物质排到外界，又从外界吸收物质，但是它在这种连续的交换中以稳态方式维持其自身，或在随时间变化中接近于这样的稳态。

到目前为止，物理化学几乎只涉及封闭系统中的过程。这种过程产生了化学平衡。化学平衡也是有机体内的某些过程的基础。例如，氧从肺输送到组织，是以氧、血红蛋白和氧合血红蛋白之间的化学平衡为基础的：在肺里，氧的压力较高，血液充满氧，氧与血红蛋白化合，以形成氧合血红蛋白。在组织中，氧的压力较低，氧合血红蛋白被分解，释放出氧。这里达成了某种化学平衡，因为有关过程是高反应速率过程。然而，有机体作为一个整体从未处于真正的平衡，相对缓慢的新陈代谢过程只会导致稳态，这种稳态是通过组分物质连续的流入和流出、合成和分解而得以保持的，始终与真正的平衡有相当距离。[①]

因而，我们必须要求将动力学和热力学加以扩充和普遍化。由物理化学提供的反应动力学理论和封闭系统平衡理论，必须用开放系统理论和稳态理论加以补充。在指出这个问题的初步的生物学特征之后（例如，von Bertalanffy，1929，1932，1937），本作者提出了物理学问题，阐发了若干开放系统的原理，并指明了这些原理对于生物现象的意义（von Bertalanffy，1934，1940，1942）。稳态概念和理论是由说德语的作者采用的（例如，Dehlinger & Wertz，1942；Bavink，1944；Skrabal，1947）；此外，美国和比利时的作者也研究了这个问题。伯顿（Burton，1939）给出了基本上相似的论述以及若干更深入一步的结论。赖纳（Reiner）和施皮格尔

① 关于这种状态，本作者已引用了 *Fliessgleichgewicht* 这个词（von Bertalanffy，1942）。采用这个概念是合适的，因为在德语中只有 stationary 这个词（stationary 的意思：静止，不动；固定，稳定，不变。——中译者注）。它有不同的用途：封闭系统中进行的过程，诸如原子或化学平衡，称为 stationary，同样，开放系统诸如受控的水的喷射或火焰，也可称为 stationary。因此，本作者提出封闭系统的真正的平衡（true equilibria）和开放系统的 *fliessgleichgewichte* 之间的区别。可是，后者在英语中有很明确的词 steady state（即“稳态”——中译者注）。

曼（S. Spiegelman，1914—1983）的工作好像受到第一批作者和本作者之间思想交流的促动（Reiner & Spiegelman，1945）。普里戈津和维亚梅（Wiame）用热力学补充了这个问题的动力学论述（Prigogine & Wiame，1946）。

开放系统的理论开辟了物理学的崭新领域。“根据定义，热力学第二定律只适用于封闭系统；它不能用来定义稳态。”本作者的这个论述（von Bertalanffy，1940，1942）包含了深刻的推论，如同普里戈津（Prigogine，1947）对不可逆过程和开放系统的热力学研究所表明的那样。本作者把它看作自己从生物学方面推动物理学发展所做的最重要的成就之一。

本作者对这个问题的论述，以及其他研究者的工作，将在本研究的第二卷中作充分的介绍。普里戈津这样论述他的基本研究：

> 经典热力学的两个原理只适用于封闭系统——该系统与外界交换能量，但不交换物质，即适用于非常特殊的系统。……热力学是令人赞美的但却是不完整的理论，这种不完整的特征源于这样的事实：它只适用于封闭系统的平衡态。因此必须建立更广泛的理论，这个理论既包括非平衡态，也包括平衡态。

这里，我们只提开放系统热力学的几个推论，这些推论为物理学和生物学开辟了广阔的前景，推翻了一部分迄今人们视作理所当然的基本概念。有鉴于封闭系统中事件的趋向是由熵的增加决定的，开放系统中的不可逆过程不能用熵或别的热力学潜能加以表征；而开放系统所接近的稳态是以近似最小熵产生[①]加以定义的。由此提出了一个富于革命性的推论：在开放系统向稳态转变的过程中，可以出现熵的减少和自发地向更高的不均匀性和复杂性状态的转变。这一事实对于表明“复杂性和有序性的增加是生物发育和进化的特征”可能有着根本的意义（第 62—63 页，第 70 页，第 115 页）。勒夏特列原理不仅适用于封闭系统，也适用于开放系统。对不可逆现象的研究，得出了与天文学时间（时钟时间）相对立的热力学时间概念。这个概念首先是非度量的（即不能用长度测量来确定的）概念，然而又是（在最简单的假设条件下的）对数概念；这个概念是统计的，因为它以第二定律为基础；同时又是局域的，因为它是从空间某个点的不可逆过程中概括出来的。

正如开放系统理论揭开了物理学的新篇章，开放系统理论也揭开了生物学的新篇章。长期以来，人们称有机体为“动态平衡”系统，以表示有机体是在连续不断变换自身组分的状态中保持生存的。然而，对这个问题，只是嘴上说得好听，在上述工作之前，从未对这个概念和支配这种特有状态的原理给出过定义。

生命系统表现为一种由大量反应组分构成的极度复杂的稳态。作为开放系统的有机体的特征，是以活的现象为基础的。当然，在把有机体作为一个整体加以考察时，我们不能对所有个别反应的参与者都注意到。可是，我们现在将看到，有可能总体上对有机系统作出陈述。这种陈述一方面引出了重要生物现象的定量定律，另一方面对生命的基本属性作出解释。

① 最小熵产生（minimal entropy production）是热力学中的一个概念，指的是在非平衡态下，系统通过不可逆过程达到稳定态时，熵的产生取最小值。——中译者注

一方面是等级组织，另一方面是开放系统的特征，它们都是生命本质的基本要素，而理论生物学的进步将主要依赖于有关这两个基本要素的理论的发展。

> 无论组织化关系的本质可能是什么，它们终归构成了生物学的中心问题。只要人们认识到这点，生物学会在将来取得丰硕的成果。从碳化合物的分子结构到物种和生态整体的平衡，这些关系的等级系统，也许将是未来的主导观念。（Needham[①], 1932）
>
> 居尔德贝格（M. Guldberg, 1836—1902）和沃格（P. Waage, 1833—1900）的定律支配了化学静力学和化学动力学。在有机体中，我们面临的是长期以来被称为流动平衡或动态平衡的化学系统。今天，有机体动态平衡的问题不再完全悬在空中，而可以看作是高高耸立的大厦的拱顶石和冠顶。物理化学家早已为这座大厦奠定了地基；下一步的建造则是生理学家的事，这就是检验旧工具或为特定的目的改进旧工具并创造新工具，在这里，按照常规使用旧方法将不会总是奏效（Höber, 1926）。

① Joseph Needham 中文译李约瑟、尼达姆、尼德汉（1900—1995），英国科学家、胚胎生物化学创始人、中国科学技术史研究专家。著有《化学胚胎学》《生物化学与形态发生》《关于生物组织问题的思考》《有序与生命》《中国科学技术史》等。——中译者注

2. 有机体的定义

我们可以根据作过的考虑大胆地提出一个尝试性的定义：活机体是一个开放系统的等级秩序，它依靠该系统的条件在诸组分的交换过程中保持其自身的存在。

这个定义当然不是详尽无遗的。它忽略了对生命系统来说必不可少的第三个属性，即它们的历史特征（第 112 页以下）。尽管这个定义还有保留之处，但是，它符合科学定义所必需的要求。

许多人都尝试给“生命”下定义（参见 A. Meyer）①。首先，我们发现了一些伪定义。它们的特点是：被下定义的词以隐蔽的形式引入定义中，因而暗含着一种恶性循环。例如，生命被定义为“抵抗死亡之力的体现”，“死亡”概念只是作为“生命”的对立面而言才具有意义。还有一些人，试图通过列举活机体的最重要的现象特征，给活机体下定义。一个例子是罗克斯的定义（1915），它列举了有机体的“auto-ergasies”②或自我活动——例如自动变态、分泌、修复、生长、运动、分化、遗传，所有这些功能都通过自我调节得以控制。这作为生命系统区别于非生命系统的描述性特征，也许是完全正确的；但这不是严格意义上的定义。一个严格的定义则要求：（1）它不得包括被定义对象的特征；（2）它考虑到与其他现象的明确区别；（3）它能够为演绎出特殊现象及其规律的理论提供基础。我们提出的定义似乎满足这些要求。

首先，定义不包括被定义的有机体的某些特殊特征。但是，

① 迈耶：《形态学的逻辑》（*Logik der Morphologie*），柏林，1926 年。

② auto-ergasies 意谓“自动”“自因”。——中译者注

正像现在表明的，可以把基本的生命现象看作是根据这个定义得出的结论。

其次，该定义必须规定被称为“活着的”（living）自然客体的必要条件和充分条件。提出这些原则是必要的；因为没有组织且不能在组分的变化中保持自身的客体，就不是“活机体”。另一方面，它们好像足以在有生命系统和无生命系统之间作出区分。例如，晶体表现为从基本的物理单位到原子、再到分子、最后到晶格的等级组织；但它没有通过组分的变化以保持自身的特征。与此相对照，无生命界中的稳态，诸如，稳定的水喷射、火焰、静电流，表现出必须通过变化才能保持的特征，但是，它们没有等级组织，它们只是靠系统之外的条件，靠适当的“机器”，诸如活塞、蜡烛等才得以保持。然而，由系统内部条件造成的变化而形成的保持，并不是活力论的概念；它也存在于某些无生命系统中；拉谢夫斯基研究的滴状系统则表明了这点[①]，该系统通过吸收和输出物质、生长和分化来保持自身。这里也没有等级组织。可是，如果将来（现在的实验还不能做到）能够造出一种系统，它具有我们的定义所指明的所有特征——例如，表现为有内部组织、通过吸收和输出物质以自我保持和自我增殖的胶体系统——那么，我们还不能断定它是不是“活机体”。病毒不包括在我们的定义内，因为它们不能在活细胞之外生长，因而不具有通过新陈代谢达到自我保持的所有条件。

我们还会看到我们的定义满足第三个条件，即它可以为那些能够推演出特殊规律的理论提供基础。

非生命与生命之间存在着的是桥梁还是鸿沟？从大分子化

① 拉谢夫斯基:《数学生物物理学》（*Mathematical Biophysics*），芝加哥，1938 年；也可对照下一本著作。

合物和胶体结构，经由具有协变复制功能的基本生物单位，到最简单的细胞，进而到植物和动物多种多样的形态，我们不能指出其中有一个绝对的断裂。最近的研究看来更确切地表明了，在病毒中到底存在着多少相互连续的层次：从大分子如烟草花叶病毒，经由分子复合体（诸如大噬菌体和昆虫多角体病病毒）到非常简单的、像有机体似的形态，最后到近似于细菌的形态（诸如污水中的微生物和立克次氏体微生物）。另外，从化学上定义的分子到活细胞物质的动态微观世界，我们进入了全新的现象领域。虽然这里没有绝对的间断性，但如果我们能以曲线的形式描绘这种转变，那么其中便存在着一个从较低层次上升到较高层次的陡坡。决定点不在于是否具有协变复制的功能，而在于能否达到更高的组织水平，达到保持稳态的无数物理-化学过程的有序模式。

我们可以把基本的生理现象看作是有机体表现为开放系统的结果。在普通生理学中，生命功能主要分为三个方面。第一个方面是**新陈代谢**的生理学，即有机体内连续进行的分解代谢和合成代谢过程的生理学。基本的原理是稳态中的自我保持。第二个方面是**应激性**和**运动性**，包括对外界刺激的反应以及在没有外界刺激时所进行的**自主活动**，例如，心搏和呼吸活动。我们可以把这些过程看作是附加在稳态上的波动。刺激是对稳态的偏移，而有机体则倾向于恢复到稳态；周期性自主活动表现为附加在稳态的连续流上的微小波动系列。第三个方面包括**形态发生**现象，即生长、发育、衰老和死亡过程中相对缓慢的变化。这些方面表明，有机体不是真正静止的（就新陈代谢和应激性的瞬间过程而言，可以将有机体看作是静止的），而只是准静止的，即它的稳态是缓慢地建立起来的，并且经历着缓慢的变化。

3. 有机体的系统概念——精密生物学的基础

从现已达到的水平看，能够获得对许多问题的新洞见，在某种程度上可导出有关基本生命现象的精确定量规律。这里只是简要地概述其中的某些结论，下一本著作中将更充分地加以论述。

将来，生物能学必定建立在开放系统理论的基础上。任何真正的平衡，因而任何化学平衡的反应系统，都是不能做功的。因为要做功，就必须存在梯度；这就是说，系统必须远离真正的平衡。因此，水库含有大量势能，但这不能驱动发动机。因为要做功，必须要有梯度，水必须向下流动。为了保持做功，我们必须造成一股稳定的水流。这个要求同样适用于有机体。化合物中包含的化学能在它们处于化学平衡的时候是不能利用的。然而，有机体作为一种内部不断进行趋向平衡反应的稳态系统，具有持久做功的能力，这种能力是它不间断地发挥其功能所必需的。

这里出现了更有意义的问题。如果有机体是稳态系统，那么为了一直远离平衡，必须恒定地供给能量。因此，能量不仅是有机体发挥其多种多样功能，诸如肌肉和腺的活动等所必需的，而且是有机体保持稳态所必需的。细胞和作为一个整体的有机体保持做功的问题，是生物能学的基本问题，开放系统理论为此提供了必要的原理（von Bertalanffy，1942），这些原理有待于实验的证实。

新陈代谢的基本问题是自我调节问题。活机体中的反应与腐烂尸体中的反应之间的区别在于，前者发生的所有反应的结果是达到系统的保持（第 15—16 页）。有机体在其组分物质的连续流动中，是怎样近似地保持恒定的？它为什么会不处于以可逆过程为基础的平衡态，而是处于以不可逆过程为基础的稳态？分解代谢过程中耗尽的物质，是怎样通过正确的途径从作为食物引入的化合物中再生的？在酶的作用下从食物中分解出来的化合物，是怎样在细胞和有机体中找到“正确的”位置，从而在新陈代谢中保持自身的？尽管有机体摄入的食物有所变化，但它是怎样保持其恒定的构成的？这些自我调节的主要特征——有机体在其构成物质的连续变化中仍能保持其特有的组成模式经久不变，遇到不同程度的变化仍能保持独立和持续存在的状态，在正常的或由刺激增强的分解代谢之后仍能恢复过来——都是开放系统普遍属性的表现。因此，新陈代谢的自我调节，原则上可以从物理学定律中得到理解（von Bertalanffy，1940，1942）。

将开放系统理论应用于“新陈代谢中的晶体”，有可能对基本生物单位的协变复制的问题（第 33—35 页）作出解释。

在继续探讨深一层问题之前，有必要先作一些初步的议论。以前，生物学分为两个主要领域：形态学和生理学。形态学研究的是有机体形态和结构，它包括对动物和植物物种进行鉴别、描述和分类的分类学，描述动物和植物结构的解剖学、组织学、细胞学、胚胎学，等等。生理学研究活机体的过程，诸如，新陈代谢、行为和形态发生。这种划分是以这些领域不同的方法论为依据的，这些方法论既包括技术的方面，也包括概念的方面。从这个意义上说，这种划分是必要的。可是，形态学和生理学只是研究同一整体对象的不同且互补的两种方法。

结构与功能、形态学与生理学之间的对立，是以有机体的静态概念为基础的。机器中有固定的安排，它可以处于运转的状态，也可以处于静止的状态。与此相似，比如说，心脏预先建立的结构不同于它的功能，即有节律的收缩。实际上，预先建立的结构与该结构中发生的过程之间的这种分离，并不适用于活机体。因为，有机体是一种持久的、有序过程的体现，虽然从另一方面看，这种过程是由下层结构和有机体形态承担的。形态学所描述的有机体形态和结构，实际上是某一时空模式瞬间的横断面。

我们所说的结构是长久持续的缓慢过程，我们所说的功能是短暂持续的快速过程。如果我们说，功能（诸如肌肉收缩）是由结构完成的，那么这意味着，快速的和短暂的过程之波是叠加在长久持续的和缓慢的奔流之波上的。

活机体是在有序的事件之流中保持自身的客体，这里，较高层次的系统在下级系统的交换中持续存在。就我们所能看到的事实而言，由本作者最早提出的这个概念，很容易被接受了。例如，解剖学家本宁霍夫（Benninghoff，1935，1936，1938，1939）以下述方式表述了这个概念，他的表述与本作者的陈述在字面上几乎是一致的：

> 因此，当躯体内组分处于流动的状态时，躯体自身似乎是持续存在的。但是，个体也表现为始于受精、终于死亡的一系列事件。……处于缓慢流动中的，相对持续存在的和准静止的东西，乃是一种有机体形态，而较快的事件流则是维持这种形态的功能。……如果我从较低层次考察到较高层次，那么，这些形态是显而易见的。较高层次的系统作为一种形态，将所有从属的事件都整合在一起。从另一个角度从上到下看各个层次，形态依次被分解成过程，其速度随着系统范围的缩小而加快。（1938）

近年来，有机体作为一种处于稳态的系统的概念开始为人们所熟悉，特别是由于示踪方法的进步，情况更是如此。示踪方法表明，有机体中的组成物质以迄今未被意料到的速度进行着分解和合成的过程。比如，试比较以上陈述与下述示踪工作的梗概：

> 活细胞动态的发现和描述，是同位素技术应用于生物学和医学领域所带来的主要贡献。……蛋白质分解酶和水解酶在以极快的速率分解蛋白质、碳水化合物和类脂化合物的过程中一直起着作用。细胞结构的受蚀，由一组合成反应连续给予补偿，以重建降解的结构。成体的细胞保持自身于稳态中，不是因为没有降解的反应，而是因为合成反应和降解反应在以相同的速率进行着。最终结果好像是，正常状态下会有的反应消失了；接近平衡是死亡的征兆。（Rittenberg，1948）

因此，我们不能把有机体结构看作是静态的，而必须看作是动态的。这种观点首先适用于原生质和细胞结构（第 36 页以下），由于上文给出过的原因，在这微小尺寸的层次上，这种观点尤其给人以深刻的印象。当我们把诸如细胞核纺锤体、高尔基体等形成物，制备成固定的和染色的显微镜载玻片时，它们在我们眼前显现出结构。可是，如果我们考察它们在时间中的变化，它们便表现为化学和胶体层次上的过程，在这过程中，准静态只持续片刻，不久就发生变化或消失。

这种观点原则上也适用于作为一个整体的有机体的宏观结构。

在有机体中，最终存留下来的也不是持久的结构，而是稳定过程的规律。

有机体乃事件之流的体现，这一观念具有意义深远的结果。它导致了“动态形态学”（von Bertalanffy），该学科的任务是从受定量定律支配的力的活动推导出有机体形态。用这种方法，将新陈代谢、生长和形态发生这几个领域整合起来。

生长无疑是生物学的主要问题之一。确实，通常人们把生长看作是生命的最大奥秘。可是，为什么有机体会增大？为什么当有机体“长大”后，这种增大会减慢，以致最后停止下来？对这些问题，生理学至今尚未作出解答。但是，把有机体看作开放系统，就能形成一种精密的有机体生长理论，该理论可以对生长这种基本的生物现象作出解释并给出定量的定律（von Bertalanffy, 1934—1948，参见第二卷）。一般来说，有机体在合成代谢超过分解代谢时就生长；当这两种过程保持平衡时，有机体生长活动就变得静止。经验表明，构成物质的分解代谢大体上与躯体大小成比例。可是，就高等动物而论，构成物质的合成代谢，似乎依赖于能量代谢——正是能量代谢产生了构成有机体组分所必需的能量。在最主要的例子（比如脊椎动物）中，能量代谢是与表面积成比例的。从这个前提能够推导出生长定律，这个定律有可能对不同类型动物的生长曲线进行计算并对其独特性作出说明。在某些适当的例子中，这些生长定律是相当有效的，其精确度可以与物理定律相比。这已在从细菌和组织培养到鱼类、哺乳动物等种种实例中得到证明。在这个处理方式中，生长便能与总的代谢联系起来，并且能从总的代谢中推导出来。

这个理论阐明了许多问题，这里只列举其中最重要的一些问题：绝对的躯体大小和对于动物按时生长的解释和计算；细胞体积恒定性原理；哺乳动物的周期性生长；再生生长的过程；通过测量吸收表面而证实该理论；由这个理论推导出的有关不同代谢类型的动物的呼吸量取决于躯体大小并与相应的生长类型相关的陈述；代谢强度与涉及性别差异的躯体大小之间的相互关系；根据动物生长曲线对构成物质分解代谢强度的计算，这些计算值在独立的生理实验中得到了证实；有机体生长理论在生态问题上的应用，例如，生长对于温度的依赖性（伯格曼规则），以及该理论在地理性变异问题上的应用；人类生长曲线的独特性及其对于人的身体和精神发展的意义。

动态形态学的另一类问题，涉及发育和进化过程中形态上的变化。如果我们比较一下有机体的形态，就可以看出，有机体形态上的差异，主要取决于比例的差别，而这些差别又取决于生长速率的不同，因为某些部分比整个躯体生长得快，另一些部分比整个躯体生长得慢。这首先适用于个体的发育。例如，新生儿的头部大约是躯体长度的四分之一；但成人的头部只是躯体长度的八分之一。因此，头比整个躯体长得慢。相反地，腿比躯体的其他部分长得快，因为新生儿的腿比成人的腿短得多。因此，躯体形态主要是由各部分的相对生长速率决定的。在许多例子中，这种相对生长，生长速率的协调，遵循一个简单的定量定律即由赫胥黎（J. Huxley，1887—1975）提出的异速生长定律（1924）。相似的考虑也适用于进化问题。相关物种之间的区别，在很大程度上取决于躯体比例的不同，因而也取决于遵循异速生长定律的生长速率的协调。

我们对若干有关问题做了研究，将异速生长原理应用于一部分新领域。我们可以举出其中的一些问题：躯体大小和新陈代谢之间的关系，以及有关基于这种关系的代谢类型的陈述；节律过程，诸如脉搏和呼吸的频率，对于躯体大小的依赖性，及其定量定律；代谢梯度与生长梯度的关系；对蔡尔德关于生理梯度理论的批判性考察；关于躯体作为一个整体的绝对生长与躯体各部分的相对生长的综合理论；关于药效作用的定量定律；关于相对生长对人的体质类型的意义的思考。有关进化的基本问题提供了理论上的新观点，例如进化的定向性或直向进化；物种形成过程中的协同适应性变化，内分泌因素在进化中的重要意义，等等。

还有，形态学的另一个基本原理也在这种关系中找到了它的生理学基础。18世纪的传统形态学提出了"器官平衡原理"，歌德将其表述为"预算定律"（budget law），乔弗罗伊·圣希莱尔（É. Geoffroy St. Hilaire，1772—1844）称其为"平衡定律"（*loi de balancement*）。它表明，动物躯体内的各个器官大小之间存在着特有的恒定关系，我们还可以补充说，它们的化合物之间也存在着这样的关系。按照异速生长定律，生长速率的协调，最终以有机体内各个部分之间的竞争为基础，每个器官能够从整个有机体所获营养物质中吸收一份独特的营养。因此，每个器官都以一定的速率生长。异速生长体现了趋于确定的稳态的分配过程，这个事实为平衡定律提供了生理学基础。

有机体形态似乎是最难以进行定量分析的问题。可是，现代研究表明，有机体形态是受定量定律支配的，而且这种定量定律已被人们逐渐地揭示出来。我们可以把生物学中的动态概念与物理学中的动态概念加以比较。正像现代物理学中并不存在刚性和惰性粒子意义上的物质，而认为粒子是波动力学的节点[①]，生物学中也不存在作为生命过程载体的刚性有机体形态；相反地，有机体形态乃是一种过程之流，以表观上持续存在的形态显现出来。

在感觉和兴奋的生理学领域中，也发现了能够得出定量定

① 奥地利物理学家薛定谔在法国物理学家德布罗意（L. de Broglie，1892—1987）物质波理论的基础上，于1926年建立波动力学，提出微观粒子是波密集的地方，称为"波包"。——中译者注

律的相应理论。因此，由皮特（Pütter）（1920）和黑希特（S. Hecht，1892—1947）（1931）发展起来的有关感觉，尤其是视觉的定量理论，是以类似于以上详述的原理为基础的。在眼睛中，如同在照相底片中一样，存在着光敏感物质，它们受到曝光就会分解。在对亮光敏感的视网膜杆中，光敏感物质是视紫红质。邦森-罗斯科定律适用于光化学反应。如摄影者所熟知的，这个定律表明，为了获得一定的效果，例如，照相感光板的变黑，光线强度越弱，则曝光时间必须越长；或者，用数学术语说，光强与时间的乘积是常量。可是，眼睛与照相感光板不同，它具有阈值，低于此阈值时光就不起作用。这是因为，低于阈值就会阻碍视紫红质分解为最终引起神经兴奋的物质（这里存在着从视紫红质的分解产物中再生出视紫红质的第二步反应），从而消除了兴奋物质。从已指明的原理出发，光感觉的定律、阈值的存在、对亮暗的适应、对光线强度的辨别、韦伯-费希纳定律及其限度，等等，都可以定量地推导出来。

有机体所特有的能量状态也是以可称为“触发器作用”的兴奋现象的特性为基础的。正像小小火星落在一小桶甘油炸药中释放出巨大能量那样，在对刺激的反应中，例如在肌肉的收缩中，所释放出的能量，与刺激的能量——电能、机械能、化学能等，并不存在定量关系。正如我们前面已说过的（第122—123页），有机体不是原先静止的机器，静止的机器需靠刺激才能运转；而是刺激引起有机体释放出它在静止状态时贮存着的能量。如果有机体是机器式的，必须突然地被启动，那么，它就不能发挥自己的功能。有机体按照非常经济的原理进行工作，在这一点上简直可以与蓄电池的原理相比——蓄电池在松闲时期，比如在晚上，积聚大量能量，这些能量可以在需要时释放出来。在生理学上，这表现为这样的情况：在神经或肌肉活动中，大部分新陈代谢过程并不是在活动阶段发生的，而是在该系统“充电”的恢复期间发生的；正是后一过程在消耗能量。这导致了刺激-反应活动与无需外界刺激的节律-自动活动相统一的观念（第122—125页）。节律-自动活动的基本原理，也就是放电和充电的原理。节律-自动活动遵循张弛振荡原理或称*kippschwingungen*原理（Bethe）。例如这个原理在广告灯上的应用：电容器是逐渐充电的，达到临界电位时，它通过霓虹灯管放电，随后又重新充电，再放电……如此一来，广告灯以节律间隔的方式闪光。相似地，有节律地活动的器官在新陈代谢过程中积聚能量，在达到一定程度时突然释放能量。因此，张弛振荡原理也在自动活动和对外界刺激的反应活动中起作用。由于这个原因，在典型的反应器官和神经中枢之间并没有明显的界线，而是都有着中间状态。像隔离的肌肉或反射中枢，只有受外界刺激后才开始活动；而有节律地活动的器官和神经中枢，如心脏或呼吸中枢，是在恒常的外界条件下进行活动的。因此，兴奋的基本现象（诸如触发器作用），初始阶段和恢复阶段新陈代谢强度的比率，节律的自动性，等等，都是同一个原理的必然结果；该原理即有机系统原本不是靠外界的影响、刺激而开始运作的系统，而是具有内在能动性的系统。

虽然，我们的这些探讨是初步的，但我们可以说，新陈代谢、形态发生、应激性的大领域，在开放系统和稳态的指导原理之下，开始融合成一个统一的理论领域。这种影响是明显的。

如果我们考察物理学，那么物理学的最重要的成就之一是实在的“同质化”（“homogenization” of reality），也就是将不同的现象归约为统一的定律。必须认识到，质上非常不同的现象，如行星的运行轨道、石头的下落、钟摆的摆动、潮汐的涨落，都是受一个定律即万有引力定律支配的。17世纪的博物学家对此无疑会感到震惊。只是到后来这种震惊才得以消除，并且以前分离的诸领域得到了统一，例如力学与热学统一于分子运动论，光学和电学统一于电磁理论，这被人们看作是最重大的胜利。现代生物学领域也出现了相似的趋势。人们可以从同样的观点来思考非常复杂的现象。在某些分支学科中，我们已经能够用数学术语表达它们的定律；在另一些分支学科中，我们认识到了一些目前只能以定性的方式加以表述、但符合相同概念图式的定律。许多领域可以服从于同样一个带有统一性的概念，这些领域是非常多样的，比如某些物理–化学现象，在经典理论范围内似乎是悖理的，但用新概念，则是可以解释的，这些新概念有生物能学、新陈代谢、生长和动态形态学、进化规律、感觉器官和神经系统的活动、心理学的格式塔知觉，等等。

而且，新理论打开了通往生命世界基本问题的道路，这些问题被认为包含了生命的最深层奥秘。

我们再一次回到杜里舒认为是活力论证据的实验。我们可以用等终局性概念来说明他的海胆实验的奇怪结果。*Aequus* 是相同的意思；*finis* 是终局的意思。等终局事件是指从不同的起点出发，通过不同的途径，达到相同目标的事件。除了某些例外的情况，我们没有在物理过程中发现等终局性。在物理过程中，初始条件的变化通常导致最后结果的变化：一架受损机器以不同于未受损机器的方式运转；枪管方位的变化，所用的火药量的变化，引起射弹命中的变化，等等。与此相对照，等终局性是生命过程的重要特征。比如，在杜里舒实验中，初始条件可以是不同的；例如，一个完整的胚，半个胚，两个胚的融合产物；然而，结果是相同的，即都发育成正常的幼体。在这个生长的事例中，等终局性可以定量地加以表述。同一物种可以从初始不同的尺寸，诸如出生时不同的重量，或在（避免受到持久损害的前提下）受到暂时的扰乱之后，或在因饮食量仅够维持生存或饮食中缺乏维生素而引起生长的停止之后，最后达到该物种特有的尺寸。那么，等终局性是活力论的证据吗？回答：否。

对开放系统行为的分析（von Bertalanffy，1940，1942，1950）表明，封闭系统不能表现出等终局性行为。原因在于，我们总的来看，没有在无生物系统中发现这种等终局性行为。相反地，开放系统处于与环境进行物质交换的过程中，当其达到稳态的程度时即显示出接近终了的状态，并不依赖于初始条件，换言之，它们是等终局的。只要开放系统能达到稳态，等终局性就是该系统内发生的过程的必然结果。因为，在该系统内有组分物质连续的流入和流出、合成和分解，最终达到的稳态不依赖于初始条件，而只依赖于流入和流出、合成与分解之间的比率。换言之，最终状态不取决于初始条件，而取决于控制刚才提到的那种比率的系统条件。例如，按照这种理论，可以将动物生长解释为有机体内连续发生的分解代谢过程与合成代谢过程对抗的结果。组成物质的分解代谢依赖于躯体的体积；可是，合成代谢，至少就最重要类型的动物生长而言，是依赖于表面积的。如果躯体只增加尺寸而不改变形状，那么，它的表面积–体积比率会往不利于表面积的方向移动。如果拿面包卷与长方形面包作比较，就很容易理解这个意思：面包卷表皮即表面积比充满体积的柔软部分[①]多得多。有机体生长也是如此。当有机体还小的时候，表面积依赖的合成代谢超过分解代谢，由此有机体才能生长。然而，最后只有当合成物质取代分解代谢中降解的物质时，平衡才能达到。当有机体进入稳态时，就成长起来。可是，这种稳态并不依赖于有机体最初的尺寸，而是依赖于特定物种特有的组成物质分解代谢与合成代

① 指长方形面包。——中译者注

谢之间的比率。因而，有机体可以从最初不同的尺寸或从受扰乱后的状态发展到最终同样的尺寸。从这种可以定量处理和计算的例子，我们能够得出一个重要的结论：方向性是生命过程的特征，以至于人们认为它是生命的真正本质，它只能以活力论的术语来解释，然而这种方向性是活机体特有的系统状态即开放系统的必然结果。

在本章内，我们只是以粗略的梗概和非技术性语言提示开放系统论及其在生物学中的应用所展现的远景。在下一本著作中，我们将用数学语言作更加系统的描述。然而，以上所说的足以表明，开放系统理论及其在活机体中的应用可以导出新的基本原理。这在两种意义上是真实的。

第一，开放系统理论能够对重要的生命现象，诸如新陈代谢、生长、形态发生、兴奋和感官知觉作精确的定律陈述。第二，我们能够从开放系统理论推导出最深刻地将活机体内的过程与无生命界中的过程区分开来的一般特征。

我们用开放系统理论对这些生命现象作出了戏剧性的探讨。因为这些现象貌似违反物理定律，一直被人们看作“活力论的证据”。等终局性——杜里舒活力论的“第一证据”，表现为开放系统过程的结果。相似地，新陈代谢的自我调节，即细胞通过无数反应的相互作用而达到的自我保持和不断更新，一直被人们认为只能用假定的隐德来希因素加以解释（Kottje）。这些现象用开放系统原理来解释，虽然还不能在细节上说明白，但也大体上开始变得可理解。按照经典的熵定律，事件的自然趋势指向的是以极大无序性表征的混沌状态，换言之，指向的是所有过程终于都停止的热力学平衡。可是，我们在活机体中发现了保持有序和避免平衡的现象。因此，正如薛定谔所说的，从经典理论的观点来看，只有这种可能性，即有机体这种系统不受用统计学方法从无序原理中得出的热力学定律的支配，而受符合“有序来自有序”原理的力学定律的支配。可是，薛定谔清楚地感到，那种把有机体看作“机械装置”或“时钟机构”的概念是不适当的，事实上，有机调节现象也驳斥了这种概念。因此，薛定谔仍然只能求助于“监督原子运动”的自我意识。同一论证的另一种表述是以渐进变化现象为依据的：按照熵定律，事件的过程是趋向于有序程度的减低；可是，在生物界中好像会发生向更高程度的有序转变的现象；为了解释这种现象，沃尔特里克提出了“非空间的内在生命”的“引导性冲动”概念。与此相对照，开放系统热力学创立了全新的观点。开放系统不会趋向极大的熵和无序，不会达到所有过程都停止的热力学平衡。相反地，在该系统中会出现自发的有序，甚至会出现有序度的增长。还有另一点，就是协变复制，即基因和染色体能够分裂，却又能“保持整体”。这实际上就是杜里舒宣称的“活力论的第二证据”。或许这种现象也是有机体系统的稳态的一个结果。最后，杜里舒“活力论的第三证据”是以“行动”及其“反应的历史基础”为依据的。这个问题也可以按照与神经系统功能的动态概念（第 120—122 页，第 124—125 页）相关的记忆系统论（第 201—202 页）来解释。

所以，我们这样的假定将不会有什么错：我们凭借这些原理接近了基本的生物学问题的真正根基。

PROBLEMS OF LIFE

AN EVALUATION OF MODERN BIOLOGICAL THOUGHT

by
Ludwig von Bertalanffy
University of Ottawa, Canada
Late Professor of the University of Vienna

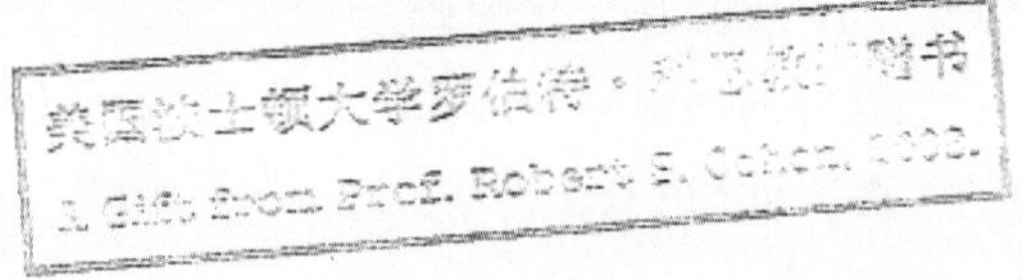

WATTS & CO.
5 & 6 JOHNSON'S COURT, FLEET STREET, LONDON, E.C.4

英文本《生命问题》扉页

第五章

生命和知识

· *Life and Knowledge* ·

贝塔朗菲

世事与人生浮沉漂流，

绵延的思维使之永驻。

——歌德：《浮士德》

1. 整体与部分

“整体大于部分之和”的断言（即与各组成部分相比，整体具有“新”的性质和活动方式），以及事物的高层次可否“还原”为低层次的问题，是每个“综合整体的”理论（“synholistic”theory）或“整体的统一概念”（unitary conception of the whole）的实质。显然，这里所包括的两个陈述就其本身而言是正确的，但它们是对立的。

一方面，等级秩序中的每一个系统，从基本的物理单位到原子、分子、细胞和有机体，都显示出新的性质和活动方式，它们不能仅仅根据从属系统的性质和活动方式的累加来理解。例如，当金属钠和氯气化合形成氯化钠时，后者的性质就不同于这两个组分元素的性质；相似地，活细胞的性质完全不同于组分蛋白质的性质，等等。

另一方面，根据低层次解释高层次，这正是物理学的任务。因此，化合价是由单个原子产生的，化合物是由不同原子的结合而产生的，同样地，不同的化学性质是由原子外表的电子壳层的有效电子数产生的。相似地，分子内部原子的空间排列解释了由化合物形成的晶体的构型。化学结构式在很大程度上解释了被认为是“非累加”的典型事物的真正性质，例如，碳氢化合物特有的颜色（化合物由本身无颜色的元素组成），它们的味道、药效作用，等等。由此产生了这样的问题：相对于较低层次，较高层次的所谓“非累加性”究竟意味着什么？后者在多大程度上可依据前者得以解释？

对这些问题的回答是简单的。高层次的性质和活动方式是不能在孤立地看待其组分的情况下，根据各组分的性质和活动方式的累加来解释的。可是，如果我们知道这些组分的集合和各个组分间的关系，那么高层次是可以从这些组分中推导出来的。

当然，纯粹的累加，比如说许多C、H、O和N原子的累加，并不能提供有关化合物分子的足够知识。这是显而易见的，例如同分异构现象，当化合物由相同的原子以不同的排列方式构成时，会产生不同的性质。相反地，如果我们知道了结构式，那么分子的性质是可以通过它的部分即所组成的原子来理解的。这同样适用于每个“整体”。即使我们把电导体各个部分中的电荷加起来，也并不能发现整个导体中的电荷分布，因为电荷分布依赖于整个系统的构型。如果我们已知各部分的参量和整个系统的边界条件，那么，电荷在整个系统中的分布状况就可以“从各部分”中推导出来。

这些陈述是浅显的：为了认识某个给定的系统，不仅必须了解它的各个“部分”，而且必须了解各个部分之间的“关系”；每个系统表现为一个“整体”或格式塔（第202—203页）——这些自明之理之所以成为问题或争论的引发点，只是因为机械论的假设滥用于生物学。要知道，机械论只考虑“部分”，而忽略了“各部分之间的关系”（第12页以下）。

然而，这里仍有一个问题。这个问题最好用一些例子来说明。理想单原子气体的原子，起初被机械的热理论看作服从力学定律的物质微粒。后来，在卢瑟福（E. Rutherford，1871—1937）的模型中，原子仿佛是一个行星系统，在这个系统中，带着正电荷的原子核像太阳一样居于中央，负电子像行星一样围绕原子核旋转，这个系统受电力控制而存在，符合质子数等于电子数的定律。玻尔（N. Bohr，1885—1962）以后的原子模型表明，解释放射现象

还需要引进量子条件[①]。最后，当我们转到原子核时，电力就不够了。作为自由粒子的质子带有正电荷。然而，原子核由质子和中子结合而成，虽然在原子核中质子由于带有（同种）电荷而相互排斥。因此，如果一个质子处于原子核中，会受到核力的作用，这种核力被解释为交换力，而为了要理解原子核，就必须考虑这些核力。另一个例子是：经典化学赋予每个原子确定数目的化合价，用图示符号表示为 H—，—O—，$-\overset{|}{\underset{|}{C}}-$，等等。当一个原子与另一个原子化合时，化合价就达到饱和。实际上，对于传统意义上的化合物而言，这些基本的化合价已经足够了。然而，它们还不足以解释诸如结晶、大分子化合物、内聚性等；更确切地说，原子确实显示出另外一些力，人们称之为第二类化合价、晶格力或范德瓦耳斯力。随后，人们用现代电子理论和量子理论解释这些力。在所有这些情况下，要把新的现象纳入物理学理论中，就必须对原有的物理学图像进行修改和精炼，正是这些工作构成了物理学的进展。

物理学和生物学中所谓机械论概念的基本假定是，所有现象都可以用一套预先确立的定律加以解释。这是拉普拉斯（P. Laplace，1749—1827）精神的理想，按照这种理想，所有事件都可以还原为“原子的运动”，即还原为力学定律，而力学定律又被看作是终极的；因此，科学的演进只是在于将这些基本的定律应用到所有现象领域中去。但事实上，物理学的进展却向人们讲述了不同于上述观念的更加激动人心的故事。电动力学绝不能还

① 按照经典电动力学，卢瑟福模型中的核外电子必定要连续地放射出能量，最后落到核上。这与原子稳定存在的事实相矛盾。玻尔引进量子轨道，从而解决了这个矛盾。——中译者注

原为力学，量子物理学也绝不能还原为经典物理学。要概括诸现象的新领域，尤其是组织化现象的新领域，就得运用综合的方法，这种方法能使原先分离的领域融合为一个整合的领域。但是，如果仅仅应用本段开始所说的原理和简单地从低层次推导出高层次，往往是做不到这点的。相反地，只有当这些原理和推导方式被纳入普遍化的理论中时，它们才会获得新的面貌。

以上所说的可以在实在论或认识论意义上加以解释。按照实在论的解释，可以说，在每个系统中，更高层次的力是**潜在地**存在的。可是，只有当该系统变成更高层次结构的组成部分时，例如，如果质子成为原子核的部分，如果主化合价链靠“经典”的化合价结合在一起进入多糖类胶粒，如果一个蛋白质分子成为具有自我复制功能的基本生物单位的部分，等等，这种潜在的力才会显示出来。

但是，这种实在论的或形而上学的解释弄错了科学的含义。“力”并不是某些物理结构中固有的形而上学的属性，物理学引进“力”的概念是出于说明和计算现象的需要。“力”的含义具有直观模型的性质。真正重要的事情，是形式关系，是自然定律的系统。然而，自然定律系统是趋向统一的，即从尽可能最少的基本假设出发推导出许多特殊的定律。为了达到这个目标，必须在科学演进的历程中不断地改变和重新形成基本的假定。

当我们思考有关物理学定律与生物学定律之间关系的许多有争论的问题时，必须记住以上这些论述。

2. 生物学定律和物理学定律

因机械论这个术语可作多种解释，生物学中有关“机械论”的讨论，受到很大妨碍。本作者列举了七种不同含义的机械论，可能这些列举并不是详尽无遗的（1932）。“机械论”这个术语的明确含义是“非活力论”，即排斥那些不能做科学研究而只能通过拟人化的移情方式加以想象的因素。在这个意义上，“机械论”与自然科学是同义的，因而科学的生物学必须是“机械论的”。可是，就比较狭窄的定义而言，就有许多分歧的意见。某些“机械论者”，诸如比宁（E. Bünning，1906—1990），接受把特殊的生物学定律看作一种反映过程的事情（Bünning，1932）。其他的机械论者（Gross，1930）认为机械论本质上排斥特殊的生物学定律，或者以同样的口气断言：承认特殊的生物学定律，则是与机械论相对立的“活力论”的观点（Wenzl，1938）。

显然，这里有三种不同的可能性和问题需要加以区分。它们是:（1）生物学是否只是物理学和化学中已知定律的应用领域;（2）如果不是这样的话，生物学定律是否可以最终还原为物理学定律并从物理学定律中推导出来；（3）生物学定律是否具有像物理学定律一样的逻辑结构。

生物学，就其是一门描述性科学而言，与物理学相比是自主的，这种差别将会一直存在，因为生物学的研究对象有其独特性。分类学、解剖学、形态学、胚胎学、生物地理学、古生物学、生理解剖学、生态学、系统发育，不会成为物理学的分支，即使在遥远的将来也是如此。这不是因为生物学就其定律而言是否自主的问题——这个问题与这些领域无关——而是出于这样一个简单的理由：生命世界中的形态和现象的数量之多是非生命世界中的形态和现象无可比拟的。例如，描述性的矿物学已成为物理学和化学的附属学科，因为几乎所有的矿物学问题都可以由矿物的化学（矿物化学）的、矿物的形态学（结晶学）的和矿物的物理学（晶体物理学）的性质得到说明，而纯粹的描述，例如整理各种不同的玛瑙或长石，已淡入该学科的历史背景中。但是，区分恶性疟疾蚊子与无害的蚊子，区分蛙的与人的血液循环系统，区分蜥蜴类动物的系统发育——对这样的事只能做描述。康德梦想生物学领域中未来的牛顿，也许拥有一个公式，运用这个公式，各种蝴蝶双翼的图案就可以通过遗传学分析和发育分析的方法，从一个基本的模型中推导出来。但即使如此，他也不愿去描绘几万种蝴蝶双翼带有细小花点的图案，因为要做这种工作，他就必须至少拥有与几万种蝴蝶同等数量的助手，这样做毕竟是不值得的。甚至，这样一位未来的动物学家会默认像在今天分类学文献中发现的以动植物俗名语言所下的定义。必须强调，生物学中的这种非物理程序绝不限于从狭义上作单调乏味的描述。实际上，确定一系列生物类型（比如脊椎动物颅骨类型）的形态学比较，详尽揭示脊髓中的通路和反射的解剖生理学研究，对人的系统发育的研究，以及大量的类似问题，都是以特定的生物概念，诸如“类型”“器官”“系统发育系列”等为基础的；它们包含了一个有序系统，我们把这个有序系统带进扑朔迷离、多种多样的现象世界，正像理论物理家用数学计算处理多种多样的物理现象那样。

正因为我们提倡精确的、理论的和定量的生物学，我们不得不指出，在“精密”科学中表述为“定律”的东西，只代表了实在的一小部分。甚至最伟大的物理学家当他的帽子被疾风沿街吹跑时，也会跟在后面追赶。这时，他不关心热的理论，也不能计算变化无常的风的旋涡，虽然他确信旋风是服从分子运动论的。地理学家和气象学家并不怀疑地壳和大气现象的形成是以物理学定律为基础的，而肯定不是由隐德来希幽灵造成的。然而，这些领域中的无数事物，是不能一股脑儿挤压进一个公式的，而只能做描述，在这里，经验法则（a rule of thumb）必定代替物理学的演绎法。像数学生物学家那样，我们尽最大努力使有机体形态服从于精确的定律。比如说，我们感到极为高兴的是，发现了系统发育中脊椎动物颅骨的变化遵循异速生长定律（第 102—103 页，第 144—145 页）。但是，正因为我们知道得太充分了，以至于只有一小部分现象才可能用“精确”的方法理解。两个颅骨不仅可以根据由测量和计算所得的它们在比例上的大致差异而加以区分，而且可以根据它们大量的特征加以区分，这些特征只能用口头语言进行描述，甚或只能被形态学家受过训练的眼光注意到，但他几乎不能用词表达。

从这个意义上说，生物学绝不会“同化为”物理学，它显然处于与物理学相对的“自主性科学”的地位。这种看法超出了“生物学机械论”的问题，而且完全与这个问题的任何结论无关。生物学机械论问题只与有序的一般特征有关，对这些有序的一般特征，我们可以用“定律”的形式作出陈述。

生物学负有确立生命界所有层次的系统定律或组织定律的任务。这些定律似乎在两个方面超出了无生命界的定律。

1. 有机界存在着比无机界更高层次的有序和组织层次。就大分子有机物质的构型而言，甚至就诸如病毒和基因那样的基本生物单位的领域而言，我们提出了远远超出无机化合物的结构定律的问题。

2. 生命过程如此复杂，以至于我们运用与作为一个整体的有机系统有关的定律时，不能考虑个别的物理-化学反应，而必须使用某个生物学秩序的单位和参数。例如，如果我们要研究动物完整的新陈代谢，就不能顾及中间代谢过程中数量惊人和极为复杂的反应步骤；相反，我们应当计算平衡值，确定所有这些通过氧的消耗、二氧化碳的产生或热量的产生而进行的反应的全部产物。这是临床上确定基本代谢所惯用的诊断方法。当我们想要确立新陈代谢或生长的定律时，这种方法也同样适用；这里，我们也必须使用表示无数物理–化学过程的大量结果的常数。用这种方法，我们有可能阐明若干精确的并可在一个理论中作演绎的总定律（第 143 页）。相似地，遗传学不计算物理过程，而计算生物单位，例如基因，载有基因的染色体，植物和动物的群体，在这些群体中可以观察到易于辨认的性状在连续世代中的分布，等等。以这种方式，遗传学形成了统计定律系统，其精巧和严格令人赞叹。而且，种群动力学理论，就其生态学方面（Volterra，D'Ancona，等）和遗传学方面（Hardy，Wright，等）而言，是数量生物学中最先进的领域之一。当然，这个理论不能以物理–化学单位的术语加以陈述，而只能以生物个体的术语作出陈述。这类定律很大程度上已在生物学的若干分支学科中确立起来了，并且表明统计定律的未来发展，将使生物学成为一门精密科学。这些定律不是"物理的"，因为它们涉及的是那些只存在于生物学领域内的单位；但在充分发展的生物学领域中，由这些统计定律形成的理论系统具有与物理学任何领域的理论系统相同的逻辑结构。

定量定律的效果是明显的。理解定量定律对于控制自然确实具有最重要的意义。正是由于人们确立了精确的定律并能预测未来事件，现代技术才有可能取得发展，人们才有可能控制非生命界。相似地，生物学定律的确立将使我们越来越多地控制生命界。

人们通常断言，对数量生物学定律的陈述涉及把生物学还原为物理学和化学。这种看法几乎不值一驳。因为数学是能普遍应用的工具，因而它能应用于任何领域，比如可应用于社会学或心理学，也可应用于物理学或化学。

生物系统的分析处理和综合处理之间存在着一种互补性。或者我们能够从有机体中挑选出单个的过程，从物理-化学方面作分析，这样我们将会忽略极其复杂的整体；或者我们能够陈述作为一个整体的生物系统的若干总定律，但这样做，我们就不得不放弃从物理-化学上确定单个的过程。

上述的第一种程序是生物化学、生物物理学和生理学通常使用的方法。然而，经验表明，这种研究方法并不能揭示“有生命”（vital）的基本特征。生物学文献不断重唱这样一种老调：尽管人们对有机体中有关的物理-化学因素做了广泛的分析研究，但并没有把握生物学特有的问题，这些问题有待于“将来的研究”。例如，对渗透性的物理-化学因素的研究得出了这样的结论：这些因素并不能充分解释活细胞中物质的输入和输出；除了“物理渗透性”之外，还假设有一种可调节的“生理渗透性”（Höber）或细胞的“腺样的 ”活动（Collander）。这显然是一种把调节因素加到物理-化学过程中去的半活力论概念。正确的解释可能是一种渗透性的系统理论（von Bertalanffy，1932）：在活的、进行新陈代谢的细胞内所发现的物质有序的和有调整的变换，似乎为存在于作为一个整体的有机体环境中的诸因素的集成所支配。

——根据胶体化学对原生质的解释，无法说明原生质为什么是“活的”的问题，即为什么它不像无生命的胶体系统那样达到平衡态，而是保持自身于连续变化的、分解、合成和再生的状态之中的问题。

——甚至有关细胞和有机体中发生的个别化学反应的最详细的知识，也不能解答刚才提到的有机体新陈代谢的基本问题，即有机体在其组分变化中保持这种过程的自我调节和协调的问题。但是，有机体作为稳态反应系统的理论，可以说明这个问题（参见下一本著作）。

——现代科学研究已揭示了组织者作用和基因的从属物质的化学性质。可是，发育和遗传问题自然转向了反应复合物的另一方面，即对这些因素作出反应的底物的组织。

——人们在对实验的单性生殖做了大量研究之后，卵的活化作用这一实际问题，即除了在渗透性、胶体状态、呼吸等中的物理–化学变化之外，各种物理–化学因素在形成新的有机体的令人惊异的过程中实际上怎么起作用的问题，还未解决。

这类思考并不怀疑分析研究的必要性，分析研究是从理论上洞察那些控制生物现象的因素的基础，同样也是具有最大实际效果的领域（诸如酶、激素和维生素、化学疗法等领域）的基础。但是，这类思考确实表明，分析研究需要将有机体及其所有定律作为一个整体加以研究作为补充。

于是，我们可以用下述方式来解答前面提出的第一个问题（第160页）：生物学定律不只是物理–化学定律的应用，相反，我们在生物学中拥有一个特殊定律的领域。这并不意味着在活力论的力量意义上的二元论进入生命活动领域，而是表明：与物理学定律相比，生物学定律是一种更高层次的定律（参见第179页以下）。第三个层次由社会学领域构成。

现在来谈第二个问题：生物学定律能否最终"还原"为物理学定律。物理学的演进趋向于更加广泛的统一，虽然还没有完成这种统一，但在原则上使我们期望整个物理世界可能是由少数几种终极元素和基本定律构成的。根据少数的物理常数，例如普朗克常量，质子和电子的质量，光速，等等，再加上相关的基本定律，我们首先可以推导出原子结构和元素周期系；根据这些原子结构和化学元素周期系，我们又可以推导出多种多样的化合物，晶体，刚体，等等，直到行星系和星系。几乎毋庸置疑，物理学定律和生物学定律两大领域的融合最终是会实现的。因为，从科学的逻辑观点看，以前分离的领域的综合是科学发展的总趋势。另一方面，从经验的观点看，亚显微形态学、病毒等领域，在无生命界和生命界之间形成了连结的环节。可是，这种基本假设并不排除首先确立生物层次上的定律的必要性。同时还有可能，甚至在某种程度上已得到证明：生物学问题和生物学领域的特有内涵，将导致物理学概念和定律系统的扩展。回想一下热力学在开放系统理论中的推广吧，它好像与物理世界里那些迄今为止被人们认为是“基本的”原理（诸如趋向于最大无序的原理）相矛盾。由于热力学似乎是经典物理学中达到完美的一个领域，所以这一点就更加引人注意。因此，唯有科学自身的演进将表明，以何种方式能够达到综合。

数字和量度支配着数学物理学领域，指针读数则是数学物理学的最终基础。在生物学中，定量定律的陈述也是一项重要的工作，而且我们看到，甚至可以在有机体形态这样的诸领域中发现这些定量定律。然而，看来有一系列特殊的生物学问题，处理它们的数学工具尚未创造出来。许多最基本的生物学问题不是量的问题，而是“模式”“位置”“形状”的问题。

例如，在有机体的等级秩序中（第 41 页以下），重要的不是量的问题，而是低层次与高层次的关系、集中化等问题。在形态发生活动中（第 68—69 页），重要的问题既不是细胞数目，也不是形成物的数量与质量的关系，而是它们相对位置的变化。例如，当器官形成时，原肠胚表面扩展的各个器官部位或“区域”，在以一定的方式开始收缩的过程中，在胚胎中获得了一定的位置和形状，等等。我们可以测量形态发生中按一定空间方位发生的变化。就形态发生的变化基于相对生长而言，我们发现它们受简单的异速生长规律（第 144—145 页）的支配。这样，系统发育和个体发育的变化，例如马科的颅骨的增大，可以用简单的公式表达。可是，形状的变化当然不是单维的，形状是按照多维空间中的许多矢量发生变化的。如果我们运用达西·汤普森（D'Arcy Thompson，1860—1948）的变形方法，这种变化就能再次得到表达。比如说，将始祖马的颅骨投影到笛卡儿直角坐标系上，通过这个坐标系的变形，它可以转变为现代马的颅骨；这一转变过程中出现的诸中间形态，相当于马科进化的系统发育诸阶段。可是，这仅仅是一种描述的方法，它并没有告诉我们有关决定变形的定律。我们想要知道的，并不是有关几个可测矢量的方程，而是一种整合定律，该定律会向我们表明，为什么从始祖马到现代马的转变，相对于其他的、数学上可能是无数的转变而言，是唯一在这进化系列中实际发生的转变。

就我们所能考察的范围而言，这些问题与拓扑学和位相分析（analysis situs）有一定关系；这就是说，它们涉及流形（manifold）内的关系问题。它们好像是群论的部分问题，因为在方程系统的变换中出现了不变量问题。我们也可以考虑这些问题在数理逻辑中的发展，正像伍杰将数理逻辑应用于生物概念的定义一样。最后，一般系统论（第 209 页以下）在未来发展中具有重要的地位。这些问题有共同性，但它们的共同性不在于某种数量性质，而是涉及有序与位置的关系。

人们通常把“数学”等同于“关于量的科学”。就数学演进及其在物理学中的应用的一般历程而言，这种看法是正确的。可是，从广义上说，数学包括了所有的有序的演绎系统，而且像刚才指出的，还存在“非定量”数学的某些萌芽阶段。在这个意义上，几位作者

（von Bertalanffy，1928，1930；Woodger，1929，1930—1931；Bavink，1944），以及其他后继者如李约瑟和沃丁顿（C. H. Waddington，1905—1975），已考虑到这种可能性：非定量的或格式塔的数学可能对于生物学理论具有重要的意义。正如贝文克所指出的，不像极好地适应了物理学需要的普通定量数学，这种非定量的或格式塔的数学可能是这样一种数学系统，在其中并非量的概念，而是形式或有序的概念才是基本的。

物理学的例子暗示，在新领域中，往往必须发展与之相适应的数学，而这种数学通常是新的和前所未闻的，例如，波动力学的矩阵理论就是这样的事例。

> 处理物理学中的最基本系统必须要有数学的全新发展，并且这种发展要求数学物理学家作出最大的努力。当我们作如是之想时，殊不知，那种“要想充分处理自然界中最复杂的系统——有机体，仅仅应用常规的物理学和物理化学就足够了”的想法似乎是不可能的。只有通过生物学家、理论物理学家、数学家和逻辑学家的紧密合作，生物学的数学化才能实现。（von Bertalanffy，1932）

当然，这是“未来的音乐”，只是想要指出有待于未来几代生物学家去完成的任务。总之，科学史证明，科学的进步在很大程度上取决于适当的理论抽象和符号体系的发展。正是解析几何和微积分的进展，使经典物理学有可能取得进步。相对论和量子理论是与非欧几里得几何学、傅立叶分析、矩阵演算等的发展相联系的。化学是随着化学分子式语言的发明而取得发展的。相似地，遗传学靠孟德尔巧妙的抽象概念和他创造的符号体系而成为一门精密的学科。此外，像发育生理学那样的领域，还缺乏严格的理论，因为它们还没有发现必要的抽象概念和符号体系。

这样，有可能按以下思路对第二个问题（第 160 页）作出解答。正像前面说明的（第 157—159 页），新领域向物理学合并，往往不是通过既定原理的单纯外推而实现的，而是以这样的方式达到的：起初是新开拓的领域的自主发展；而通过最后的综合，原先的领域也拓宽了。化学不是通过牛顿力学应用于原子而发展起来的。最初，一个包含诸多新的和特殊的构造和定律的世界被创造出来；最后，统一的理论达成了，其原因就在于：与此同时，原子从质点转变成复杂的组织。生物学“机械论”预先假定一系列关于自然界的物理学定律，这些物理学定律只有正确地被应用于生命现象，才能对生命问题作出解释。但是，并不存在这样的定律系列；因此，在物理学与生物学两个领域进行最后的综合之前，我们不能预言物理学的概念系统将需要何种扩展。

对第三个问题（第 160 页）的解答是明确的。所有科学的任务都是要作出“解释”。通过解释，我们理解了特殊对于一般的从属性，反之，又从一般推导出特殊。因此，科学的确定形态是假说-演绎系统，即这样一种理论构造：在其中，可以通过引进特定的条件，从一般陈述中推导出能够得到经验检验的结论。在一定程度上，使用本国语言就能做到这一点。可是，由于词的歧义性，以及这些词按照句法结合时并不严格遵循逻辑演绎的规则，因而会给假设-演绎系统的精确性带来一定的限制。因此，只有当具有明确的和固定意义的符号按照同样明确的游戏规则连接起来时，科学的目标才能达成。数学可称得上是这样的系统。在这个意义上，康德关于每一自然学说只有达到像数学那样的程度，才能称得上是真正的科学的看法，是正确的。因为数学正是人们可获得的关于实在的最高理性化形式。正是由于这个原因，现代物理学的数学形式主义，经常受到人们责难，并导致它的构造物的非直观化特征。其实，它既不是任性之举，也不是为了规避窘境，而是科学进步的必然伴随物。可是，数学理论形式用符号反映实在是否恰当，我们并不能先验地说出来，而只能由经验来断定。确实，就这方面而言，现代物理学不是没有发生令人惊异的事情。如果牛顿被告知，物理学基本定律不能采取含有严格因果意义的微分方程形式，而应采取矩阵和概率函数的形式，他可能会昏厥的。但是，未来生物学定律系统无论采取什么形式，即使它包括目前我们只能模糊地猜测的结构定律，它也将具备逻辑演绎的特征，从而具备“数学”的特征，也因此将具备像物理学一样的形式特征。

3. 微观物理学和生物学

世界是受严格的物理学定律支配的，这些物理学定律遵循无情的因果法则；科学的最终目标是将所有现象，包括生命和精神的现象，分解成原子的盲目活动，而不给任何有目的性的东西留下余地。这曾经是构思世界的基础。这种构思世界的观念在 19 世纪发展到了顶点，人们称之为“机械论”。它的突出象征是拉普拉斯精神的理想。拉普拉斯设想，只要掌握了所有的物理学定律，就能够从某一瞬间原子的位置和速度，推测出整个宇宙在过去和未来的任何时间中的状态。

科学的世界图景在现今时代发生的根本变化之一，是物理学被揭示为不能阐明绝对精确的自然定律，而被迫默认统计定律。

这种知识是经由两个阶段而获得的。经典物理学早已发现了热力学第二定律的统计性质。与无序的分子热运动相比，所有有方向性的能量处于不确定的状态。因此，更高的、有方向性的能量转变为无方向性的热运动并建立起热平衡。这是一种向更有可能的状态的转变，在这过程中，具有不同动能的分子均匀分布的程度逐渐增加。就这个由玻尔兹曼（L. Boltzmann，1844—1906）提出的第二定律的推论而言，每个分子的活动路线是由力学定律严格决定的，这一点至今仍是无可置疑的。可是，事实上，由于大量分子及其相互作用，我们必须掌握一条表明大量分子平均活动状态的统计定律。这个定律便是热力学第二定律，它表明，尽管分子运动是复杂多样的，但它们的总趋势是朝着热平衡方向的。可是，在非常小的范围内确实出现了对第二定律所要求的或然分布的背离。由于这个原因，胶体中微小的粒子和细微的悬浮体处于在显微镜和超显微镜下可以观察到的布朗运动状态——这是由周围分子的涨落造成的，它们处于无规则的热运动中。它们由于受到分子的碰撞而无规则地撞击，因而呈现为不停的曲折运动。这可以说是一种放大的分子运动图像。正如纳斯特（Nernst）、埃克斯纳（Exner）以及其他人最早提出的，第二定律不是一种例外的情况，所有物理学定律都是具有统计性质的定律。

物理学决定论在量子理论中受到了根本的限制。如果我们谈到基本的物理事件，我们会遇到两个基本的和相互关联的事实。第一个事实是，虽然宏观物理过程好像是连续的，即机械能、光、电等能够以任意选取的量进行传递，但这在基本的物理事件中受到了限制。例如，如果一个原子发射或吸收光，那么这并不是以任何小量的方式发生的，而是以基本的单位发生的；要么放射和吸收一个光量子的整数的能量，要么就完全不进行放射和吸收。第二个事实是，原则上不可能用决定论的方式表示基本物理事件。简单的例子是放射性衰变。在这放射性衰变的过程中，镭原子核通过一种爆炸性的过程，放射出一个 α 粒子，并由此变成氡。比如说，如果我们有一毫克镭，那么我们可以肯定地说，在大约1590 年内，这个大量原子的聚集体将有一半衰变掉了。但是，我们不能说，某个原子是否过一会儿就会衰变或者要到几千年后才会衰变。即使我们能够确定原子核在任何一个瞬间的状态，也根本不可能预言它什么时候会发生衰变。因为，如果这里还有深一层的因果决定关系，那么，衰变将取决于时间，取决于外部因素诸如温度等。但情况并不是如此。我们只能说，一定数量的原子经过一定的单位时间会以同样的百分比发生衰变。

因此，依据现代物理学的证明，我们能对宏观物理事件作出意义明确的预言[①]，就是说，宏观物理事件涉及实际上无数基本的物理单位，因为在这样的宏观事件中，统计性的涨落被拉平了。由于这个原因，经典物理学的定律，例如力学定律，好像具有严格的因果关系或决定论的特征。但是，就微观物理事件而言，它涉及单个的基本物理单位，不能作出意义明确的预言，而只能得出统计性的概率。这里有效的定律，只能够确定大量基本粒子的平均行为；对于单个单位的行为，只能通过指出一定的概率来预言。

这是以粗略的轮廓，将决定论即经典物理学的严格因果律，与非决定论即现代物理学的统计定律作了对照。那么，物理学的这种根本变化对生物学有什么意义呢？

① 原文为 univocal forecasts。univocal 的意思是：只有一个意义的，单义的；只有一种解释的。——中译者注

活机体是由难以想象的大量的分子和原子构成的，这些分子和原子的排列顺序大约有一百万的四次幂（10^{24}）。对于大多数生物现象，诸如新陈代谢、生长、形态发生、大多数的应激性现象等，显然经典物理学定律样式的决定论定律一定是适用的。

但是，有某些生物现象可能属于例外。本作者早在1927年，甚至在海森堡关系式[①]（这形成了物理学的现代非决定论的基础）发表之前，就提出了“物理学革命对生物学的影响”的问题。1932年，本作者主张应当考虑这种可能性：“有机体内的微观物理事件可以传递到该系统更广的范围，因而被导入物理统计概率的领域。”物理学家帕斯考尔·约尔丹把这种观念发展成“有机体的放大器理论”，按照这种理论，控制中心（如基因）的微观物理事件在有机体系统内被放大成宏观效应。玻尔、薛定谔等物理学家发展了相似的观念。这里，可以考虑两类物理学的不确定性，即分子运动论的“经典”涨落和量子物理学的不确定性。研究表明，在某些生物过程中，微观物理事件实际上是起决定作用的。[②]

这方面的第一个和最重要的领域，是由蒂莫菲夫-雷索弗斯

① 海森堡关系式即德国物理学家、量子力学创始人之一海森堡（W. Heisenberg，1901—1976）于1927年提出的“测不准关系”式，亦称“不确定关系”式。它表明微观粒子的某些成对的物理量，例如位置与动量，不可能同时测出确定的数值，其中一个量测得愈确定，另一个量的不确定程度就愈大。——中译者注

② 对照“量子生物学”，例如，约尔丹：《物理学和有机体生命的奥秘》（*Die Physik und das Geheimnis des organischen Lebens*），第二版，不伦端克，1947年；薛定谔：《生命是什么？》（*What is Life?*），剑桥，1945年；蒂莫菲夫－雷索弗斯基：《遗传学的实验突变研究》（*Experimentelle Mutationsforschung in der Verbungslehre*），德累斯顿和莱比锡，1937年；蒂莫菲夫和齐默尔（K. G. Zimmer，1911—1988）：《生物物理学》（*Biophysik*），第一卷：《生物学的击中原理》（*Das Trefferprinzip in der Biologie*），莱比锡，1947年。

基（N. Timoféeff-Ressovsky，1900—1981）及其同事精心研究的放射遗传学，即用波长很短的射线（如X射线、镭射线或中子射线）诱发突变。这些研究产生了有关突变的“击中理论”（hit theory）。辐射对生物客体的作用，可以与轰击感光物质相比。辐射是由作为不连续的能量单位的量子构成的。正像对实验的数学分析所表明的，单个量子击中基因的敏感区域足以引起一个突变。因此，突变的诱发服从于微观物理学的统计定律；然而，这些微观物理事件由生命系统的组织放大成宏观效应，因此，由辐射诱发的突变会在宏观物理水平上显现出来，比如，经过辐射处理的果蝇，它们后代的翅形或眼色发生了变化。

生物学受微观物理事件控制似乎已被证实的第二个领域是微生物遭破坏的领域。例如，如果培养的细菌经受辐射或被施加某种消毒剂，细胞便会先后被杀死。最简单的解释可能是各单个细胞对毒剂具有不同的敏感性。如果是这样的话，细胞的敏感性，从而细胞死亡的时间，就会遵循一条变化的曲线，绝大多数个体显示出中间程度的敏感性和幸存时间，而少数个体显现出非常高或非常低的敏感性和相应的较短或较长的幸存时间。可是，实际上细菌的死亡曲线是可与镭原子衰变曲线相比的指数曲线，即每单位时间内被杀死的细胞数完全与现存的细胞数成比例（第172页）。这表明，细胞的破坏是作为一种偶然事件发生的，它是由“击中”敏感中心而引起的。

应当把微观物理现象考虑进去的第三个生物学领域，也许是由冯·贝塔朗菲提出的（1937）。如果动物在定向刺激（例如光源的影响）下产生定向的活动，那么结果是，动物会根据它对刺激作出向性反应还是拒性反应，来决定趋向于光源还是离开光源。可是，动物在均一的环境中，例如，在黑暗的环境中或充满光亮的环境中，通常表现出“自发”的活动。在缺乏可辨认的外界刺激的情况下，这种自发活动的方向与速度发生着不规则的变化。假设在没有定向的光标志的情况下，动物不能把相等强度的脉冲传递给两侧的运动器官，以此来解释动物的上述行为，看来是颇为诱人的。在某一瞬间，传入躯体右半部和左半部的脉冲之间的差异越大，脉冲传递的通路就越是转向不太活动的一边。同一动物在奔跑中出现的无规则的方向变化，表明不能把动物对直线的偏离归因于存留的形态条件（诸如侧面不对称）；这些偏离必定依赖于神经系统中变化着的生理状况。而且，我们知道，甚至在未受刺激的神经中枢里，也出现了象征自发兴奋的活动电流的无规则接连发射。因此，可以设想，中枢神经系统中发生的自发放电，是由持续不断的新陈代谢过程造成的。由于这些放电量是微小的，它们不等地分布在躯体两侧，因此引起了跑动中的不规则变化。另一方面，如果施加一种外界刺激，比如光源的刺激，就会在一侧造成一种确定的较强的兴奋，从而导致动物直线的运动。但是，即使在这种情况中，仍可看到运动方向和速度的变化，这种变化不能被认为是由外界刺激引起的，而可能是由神经中枢兴奋过程中的自发波动造成的。

因此，在某些生物学领域内有必要把微观物理事件考虑进去，这是非常可能的。然而，我们并不确信能以这种方式或从任何其他单一特征中找出关于“生命问题”的解决办法。首先，我们必须谨防有人常常鼓吹物理学的不确定性和自由意志之间存在相似之处的观点。其实，这是两个处于绝对不同层次上的问题。物理学的非决定论表明，能够用物理学定律说明的，只是集合体的统计行为，而不是单个的事件。另一方面，伦理学中的自由意志概念，并不意味着事件在统计学意义上是随机的，而恰恰意味着事件服从于一定的规范；它的真实含义是：在一定境况中发生的行为，不是偶然的，而是由某种道德准则决定的。如果假定自由意志可以在物理学因果性所留的缺口中起干预作用，这就等于活力论假定物质活动是受隐德来希控制的。我们还不能通过严格论证生物界不存在隐德来希活动来驳倒活力论的假设。由于我们不能对有机体作出拉普拉斯式的预言，我们也不能完全通观有机体的物理构造，因而，总有可能用假设的活力论因素的"干预"来填补我们知识的空隙，甚至传统的决定论也赞成这点。同样，根据科学资料也不能驳倒这样的观念：微观物理学事件，是由自由意志决定的，而不是由物理学的统计定律决定的。然而，这两种假设都是混淆概念（*metabasis eis allo genos*），因为物理事件和精神感受处于实在的两个不同的层次。物理学只涉及客观现象及其规律；精神因素对物理事件的干预——不管这是指传统解释中精神因素引导物质原子的方向，还是指现代解释中精神因素干预微观事件——都超出了物理学理论的范围。关于物理学和心理学、自然与精神的关系，将在后文（即下一本著作）从机体论观点加以表述。

4. 方法论问题与形而上学问题

生物学机械论和活力论之间的对立是有两重根源的。它既是方法论问题，又是形而上学问题。

方法论问题涉及这样的疑问：解释生物现象，要应用什么原理和定律？这个问题在上几节中作了详细讨论。这方面的讨论不是没有必要的。因为物理学和生物学、无生命界与生命界之间的关系，属于科学思想的基本问题，每个时代的人们都必须以自己的方式对这些基本问题作出解答。然而，看来宜重提曾在别处发出的警告（von Bertalanffy，1932）：

> 关于生物学定律经过最后的分析是否会成为物理学定律的争论——这种争论构成了理论生物学的主要部分——看来是相当无成果的。因为，俗话说得好："未能逮住他，休想处置他。"机体论概念实际上所力求的是比对未来所作的无把握的、消极的预言更为实质的东西，即目前积极的研究方案。它指明这样的事实：对有机体中孤立过程的物理–化学解释，实际上几乎是迄今人们唯一使用的研究方法，但这无助于人们洞见使这些孤立过程转变为生物现象的有序规律；发现有机体的系统规律正是生物学的基本任务，但这个任务迄今难以引起"机械论"生物学的关注。

另一方面是形而上学的疑问，即世界上每一事件，包括生物事件在内，是否意思明确地由最终的物理单位以及它们之间根据自然规律起作用的力决定的，或者在生命的领域中，是否还有其他最终属于心理性质的现实元素在起作用，以指导这些粒子的活动。这个问题是无意义的。因为这两种概念都基于经典物理学的机械论概念，而且从现代物理学和认识论来看，所使用的概念没有一个是前后一致的。如果原则上说不能把最终物理事件理解为完全决定性事件，那么，关于世界的过程是否"意思明确地"由最终的物理单位决定的问题就变成无效的了，因为这是一个既不能证实也不能证伪的陈述。"自然定律"更不表示任何力（不管这些力被认为是因果力还是终极力）的表现形式是拟人化的：因果力是模仿我们对某个东西作出的推力的映象，终极力则是模仿我们自己有目的的活动。在现代物理学中，自然定律体现为现象之间形式关系的符号表述。自然定律终究是关于某些集合体的统计陈述，而不是关于引起事件过程的因素的陈述。最后，最终的物理单位不是作为某种形而上实在（a metaphysical reality）的“物质原子”，它们只能用数学表达式从形式上加以描述，而且物理学并不能说出它们的“内部性质”。因此，形而上学机械论和活力论之间的对立变成一个假问题，因为它的前提即作为形而上实在的惰性物质与起指导作用的心理动因之间的形而上学二元论，是以不复存在的物理学世界观为基础的。

有时人们说，机体论概念不能真正解决机械论与活力论的争论。实际上，机体论概念不适合通常的二者择一的做法。“机械论者”想要把生命现象分解成物理学和化学，他发现了某种扰乱规律和模式的指称物，这种指称物超越了物理学和化学，因而在他看来是属于活力论的。另一方面，“活力论者”把这些特殊的生物学规律看作是机械论的，因为这些规律是从物理–化学规律中突现出来的，就它们的逻辑结构而言，生物学定律与物理–化学定律并没有什么不同。可是，实际上在更高水平上克服机械论与活力论之间的二者择一，正是机体论概念的核心。对于生命形态的特殊规律，机械论者持否认态度。活力论者认为这种特殊规律是超出科学范围之外的。而在机体论概念中，生命形态的特殊规律成了可以进行科学研究的问题。

由此提出了一种新的方法观。机体论方法是要发现精确地用公式表述的适合于作为一个整体的有机体系统的诸定律。“精确”这个词是严格采用的，而且是指它在物理学中使用的意义。但是，与孤立现象的研究（虽然这种研究总是必要的，是应当尽可能提出的）相比较，机体论方法是一种新的研究准则，这种准则已在许多领域被证明是行之有效的。

就有关哲学问题而论，机体论概念所说明的每件事，科学家都有权发表意见。机体论者不对事物的“本性”作出陈述，因而也不对生命与非生命之间“本质”差别的问题作出陈述。实际上，机械论与活力论之间的二者择一不是两种科学解释之间的争论，其中一个试图用物理-化学定律解释生命现象，另一个企图用其他某种特殊类型的定律说明生命现象。真正的差别，在于科学的解释和拟人化的“理解”之间的差别。科学只限于对客观现象的描述和解释，“解释”意味着使这些现象符合某种理论体系（第169页）。活力论者的任务是不同的：他想要做的是理解事物的“内在本性”，按照我们自己内心体验的映像去作解释。在形而上学范围内，对实在的心理解释，可能会发现科学不容许的地方。那么，这就不再是科学的解释，而是神话情趣的生动表达，是无法言传的隐喻和比喻。这是科学与诗之间奇异混合的见解，活力论正因持有这种见解而衰弱。活力论不是在客观自然界中，而是在超自然的生命原理中寻求有机整体性，它不能为生物学理论提供基础。另外，活力论将活力合理化，并试图把活力作为因果力引入科学，使这种形而上学直觉变得肤浅。这种神话的和形而上学的实在观，可能是真的，也可能是虚幻的，但不是一个科学问题。

5. 科学——统计的等级体系

所有的自然定律都是统计性定律。它们是关于集合体的平均行为的陈述。整个科学表现为一个统计的等级体系。

这个等级体系的第一层次是微观物理学的统计学。在基本物理事件的领域中，决定论的处理在原则上是不可能的。如上所述，微观物理事件也介入某些生物现象。

第二层次由宏观物理学定律构成，这些定律概括的宏观物理现象中涉及大量基本物理单位。这些定律本质上也是统计的。可是，由于统计涨落因大数定律而被拉平，所以宏观物理学定律具有明显的决定论特征。与基本物理事件的统计学相比，宏观物理学定律处于更高的层次。例如，宏观力学定律或流体力学定律不再考虑基本物理事件，原因很简单：我们不能，也不需要追踪每一个分子，而只需要对该系统作总的统计处理。

更高的一个层次是生物学领域。如前所述（第 164 页），一方面，我们能分离单个过程，并用物理学和化学的术语对之下定义；另一方面，我们能陈述作为一个整体的生物系统的总定律，上述测定的单个物理–化学过程被包含其中。

最后，存在着适用于超个体生命单位的定律。例如，我们可以陈述某个生物群落中各个种群的生长定律（第 55 页），或某个人类群体中死亡发生率的定律。这种定律是保险统计学的基础，因而它具有重要的实用价值和商业价值。这里考虑的单位是单个有机体，而这些定律不可能，也不必考虑相关的生理或物理–化学的过程。

这样，在不同的生物层次上可以建立起精确的、定量的定律，并构成一个假说–演绎系统。就这方面而言，生物学定律可以与物理学定律相媲美，但相对于后者，生物学定律涉及更高层次的单位。

在这统计的等级体系中，我们发现了一个值得注意的现象，我们不妨称之为自由度增加的现象。

例如，普通化学的化合物是用结构式来表示的，这种结构式清晰地确定了化合的原子数或基团数。这甚至适用于复杂的有机分子。可是（第31页），一旦进入大分子化合物，统计值就取代了刻板的结构式。例如，人们只能说，按平均数计算，三百个糖残基通过一个主化合价链而化合，在植物纤维素的一个分子团中，平均大约有六十个主化合价链。

空间排列也是如此。矿物晶体是三维晶格。相反，在有机体的领域，“中间形态”即仅有二维或一维的大分子排列，起了决定性的作用。例如，它们形成大量的小纤维结构，这些小纤维结构在细胞构造和有机体中是至关重要的，它们支撑着组织、肌肉、神经等；在这些小纤维中，线状分子平行于轴线有序地排列，而不是无序地朝其他方向排列。

对化学过程也可以作相应的考虑。这里，我们发现自由度随着复杂性的增加而增加。有机体内的化学过程是靠催化作用进行的，反应要么慢慢加速，要么就不发生加速。简单的催化作用，诸如，用多孔的铂使氢和氧化合成水，只能以一种方式发生。可是，化学工业中应用的比较复杂的催化活动，尤其是活机体内发生的催化活动，有几种可能的反应方式。例如，在适当的温度和压力下，一氧化碳和氢可以化合成甲烷，或甲醇，也可以化合成（分子式）较高的乙醇，或液态的碳氧化合物。用镍催化剂只能产生甲烷，氧化锌-氧化铬催化剂几乎只能产生纯甲醇，等等（Mittasch）。在这类系统中有几种在热力学上可能的反应方式，其中会发生哪一种反应，取决于所用的催化剂。工业化学家的技术就在于选择适合于一定目的的催化剂系统。相似地，有机体内通过多种可能的方式进行的化学反应，是生理过程的重要基础。

晶体的外部形态是由晶格决定的分子排列的表现。例如，氯化钠的晶格表现为微型的立方体，宏观晶体也具有立方体形状。就生物的有机体形态而言，它是非常不同的。虽然其组分排列有相当的变异，但它们的形态是由一个整体决定的。例如，我们可以回想菌盖的形状，这种形状是预先确定的，是该物种的特征，是由菌丝构成的。菌丝是朝各个方向生长的，它们的排列是无规律的。我们可以从以下方面说明非生物的无机形状与生物的有机形状的区别。前者的结构即内部排列的规律是不变的，它的形态或外部形状是结构的表现，并且是可变的。在这个意义上，例如，晶体结构是由晶格决定的，我们在大多数晶体中看到的变形是非本质的。与此相对照，在生命系统中，结构是可变的，而形状则是确定的。好比说，后者表现为一个模子，其中塞满了在很大程度上可以改变数量和排列的细胞。值得注意的是，高分子化合物在这方面也是中间体。就蛋白质而言，这个共同的“模子”可以塞满不同的氨基酸。例如，毛发的角蛋白，肌肉纤维的有收缩性的肌球蛋白，血液凝结的血纤维蛋白原，虽然它们的化学性质和物理性质不同，但都具有同样的分子构型（Astbury）。磺胺类药的化学治疗作用很可能是由磺胺分子和细菌生长物质的分子之间结构的相似性造成的。因此，前者可以取代后者，从而抑制细菌的生长和繁殖。

自由度以不同的方式增加，还表现在等终局性上。鉴于封闭系统向终态的发展是由初始条件决定的，因此，开放系统能够以不同的方式达到相同的终态。

最后，我们发现了系统发育和历史发展的可比现象。某些总规律看来是确定不移的；但是，它们在特定条件下的实现取决于偶然性：在系统发育中，取决于适当的突变出现，而在历史发展中，则取决于具有统治能力的人物的出现。

这样，在统计的等级体系中，自由度好像随着我们进入更高的层次而逐步增加；这不是基本物理事件的非决定性意义上的自由度增加，而是作为一个整体的过程遵循确定的规律意义上的自由度增加。但是，对单个事件来说，仍留有不同的可能性。

第六章

科学的统一

· *The Unity of Science* ·

工作中的贝塔朗菲

苏格拉底学派的哲学家阿里斯提普斯航海遇难，漂流到洛得斯海岸时，看到了砂上描画着几何图形，便向同伴们叫喊道："我们幸而有了希望啊！因为已经看到人们的踪迹了！"

——维特鲁威：《建筑十书》

在大都，忽必烈曾下令
建造一座宏伟的逍遥宫：
圣河亚弗在那里流经
深不可测的岩洞，
直泻入不见阳光的大海中。

——柯尔律治：《忽必烈汗》

1. 引　言

如果通观现代科学的各个领域，我们可以看到一种戏剧性的、令人惊异的进化。在各个完全不同的领域中出现了相似的概念和原理，虽然这些观念的类似性是各个领域独立发展的结果，而且个别领域的工作者几乎没意识到这种共同的趋势。因为，在科学的所有领域中都出现了整体性原理、组织原理、实在的动态概念原理。我们还可以列举更多的共同特性，诸如对自然规律基本的统计特征和实在的内在矛盾性的认识。看来，要用概念结构描述实在，仅仅使用单一的构架是达不到目的的，而必须使用既对立又互补的成对概念。这种对立互补概念在量子理论的互补原理（第 189 页）中得到了表达；互补性也可能以某种不同的形式适用于生物现象的描述（第 164 页）。另一个基本的洞见是，与经典物理学的连续性概念相反，基本事件具有非连续的性质。按照量子理论，实在的最终单位是非连续的，并且是不可再分的。生物学中与其相似的是突变论，按照突变论，进化不是以连续转变的方式，而是以非连续的跳跃方式进行的。量子论与突变论的出现不只是一种历史的巧合，后者与前者保持着密切的关系（第 98—99 页，第 173—174 页），它们正好建立于同一年即 1900 年。也许，我们可以加上生理学中的全-无定律（all-or-nothing law），这个定律也差不多是在同一时期提出的。按照这个原理，生理活动，比如肌肉或感觉器官的活动，不是连续地增强的，而是以跳跃的方式增强的，因为随着刺激强度的增加，受刺激的组织器官的兴奋反应程度达到最大阈值时，才能产生活动。

2. 物理学

经典物理学试图把所有自然过程分解为原子的活动，分解为按照力学定律、吸引与排斥的定律在空间中运动的微粒。现代物理学不仅直接证实了原子的存在，它还揭示了原子的结构，并完全攻克了放射性、元素嬗变和原子能释放等新领域。然而，正是这些发展推翻了机械论的观念。

机械论物理学的第一准则也许是要把物理过程分解为可分离的局部事件。与此相反，现代物理学看来必须要有整体性概念。按照海森堡的不确定原理，不可能同时确定电子的位置和动量。要确定电子的位置，必须照亮电子；但这意味着光量子击中电子，由此引起电子动量的变化。因此，位置确定得越是精确，动量则越是不能精确地确定，反之亦然。他由此得出以下的结论：第一，严格的决定论在微观物理学领域是不可能成立的（第 171—172 页），因为测不准关系为同时确定所有必要的测量设置了不可逾越的限制。第二，根据海森堡关系，就物理学微观事件而言，测量仪器原则上不能与被测量的实体分开。这样，在微观物理学中出现了整体性原理。事实上，整体性原理在微观物理学中比在宏观物理学层次上具有更基本的意义（第 202—203 页）。因为，对于微观物理学来说，问题绝不是这样的：为了认识整体，必须认识各个组分以及组分之间的关系。相反，在基本事件的层次上，进一步的分解在原则上是不可能的，它们只能作为一个整体加以处理。

第二，最有意义的是，在现代物理学中出现了组织原理。[①]经典的定律从根本上说是关于无序的定律，而现代物理学和化学的中心问题是组织问题。正如玻尔兹曼所证明的，因果关系朝破坏有序的方向起作用，因为经过一定的时间，热运动不断增加，起初存在的所有的有序无可挽回地受到破坏。但是，一个原子，比如说，一个汞原子，它由一个原子核和八十个行星般运动的电子构成，它保持着自己的组织；光谱线系的发射、原子的化学性质等都依赖于这种组织；原子尽管受到周围粒子热搅动的连续不断的撞击，仍保持着自己的组织。正如量子理论所表明的，原子不顾热运动的扰动而保持其稳定性和它的组织，是以基本物理事件的非连续性为基础的。原子不能处于任意状态，而只能呈现出具有不同量子数值的不连续状态。如果这些状态用数字 1、2、3 等表示，那么状态 1 是最小能量的基础状态。在这种状态中，原子正常地存在；2、3 等是激发状态，如果得到必要的能量，原子会以跳跃的方式达到这种状态。由于这个原因，太弱的扰动是无效的，因而原子可以不顾热运动而在无限的时间内保持稳定。只有当温度增加时，它才通过量子跃迁的方式变成激发态。对于分子、晶体、固态甚至基因，也可以作相应的考虑。基因是具有特定组织和高度稳定性的大分子。只有在比较罕见的情况下，比如由于量子的打击引起突变，或由于热涨落引起自发的突变，基因才会跃迁到新的稳态，由此发生遗传性的变异。这里就存在着物理学的量子论和生物学的突变论之间的联系。基因分子向新的稳态的转变，只能通过跳跃的方式发生，因为能量的转变不是以任何微小量的方式发生的，而是以量子化的方式发生的。而生物学为此提

① 马尔希（A. March）：《自然与认识》（*Natur und Erkenntnis*），维也纳，1948 年。

供的解释就是：从一个亚种到另一个亚种的转变不是连续的，而是以跃迁的方式发生的（参见第 98—99 页）。

现代物理学的第三个基本变化，在于把刚性的结构解析为动态。经典物理学把原子看作像微型台球的固体。根据现代物理学的看法，它们是微小的行星系，其中原子核像中心的太阳，它由带正电荷的粒子和不带电荷的粒子（质子和中子）组成，负电子围绕它运行。同时，物质表现为过程，表现为动态。质量与力的对立，物质与能量的对立，在日常生活和经典物理学中是明白无疑的，但在微观物理学层次上则消失了。电子不是微型的刚体；它是能量的集中，是物质波或波包。由于这个原因，物质转变为能量，能量转变为物质，都是可能的。伽马（γ）射线的量子，即高频率的 X 射线，可以转变为带负电和带正电的孪生对粒子即电子和正电子。反过来，物质也可以转变为辐射。经典的质量守恒原理和能量守恒原理统一为爱因斯坦的综合守恒定律。而且，在某些条件下，基本物理单位表现为粒子，而在另一些条件下则表现为波动或波。根据玻尔的互补原理，粒子和波是对立的，但又是关于同一物理实在的必不可少的和互相补充的概念。

整体性、组织、动态——这些具有普遍性意义的概念，可以说是与机械论的物理学世界观相对立的现代物理学世界观的特征。

3. 生物学

近几十年来，生物学思想运动趋向于“机体论概念”。由于这个概念在很大程度上是潜意识的和无名的，它的意义甚至更加明显。这不是孤立的现象，而是我们的科学概念总变化的组成部分。

我们已考察过物理学机械论观点在生物学中的影响。按照物理学机械论的观点，生物学的目标在于把生命现象分解为可孤立的部分和过程（第 12—14 页）。于是，有机体被看作是许多细胞的总和，有机体的功能被看作是许多细胞活动的总和。同样地，像物理事件被看作是受偶然性规律支配的那样，有机体的组织和功能被看作是随机突变和选择的产物。另一方面，这种观点符合经济活动的时尚和经济学理论。事实上，达尔文将马尔萨斯关于人口增长超过其资源的理论普遍化，并把它应用于整个活生生的大自然。所谓生物界中的生存斗争，只不过是工业时代开始时曼彻斯特学派所鼓吹的自由竞争在生物学中的应用。生物学中的功利主义观念符合总的社会思想意识。生命的机器理论是新纪元时代思潮的完美表现——人们以技术控制无生命界而感到自豪，同样也把生物看作机器。

人们对机械论概念局限性的认识，最初导致了活力论。活力论假定，有机体各个部分的聚集和机器-结构是受目的因控制的。随后，人们认识到机械论和活力论的观点都是不妥的，这导致了机体论概念的产生。机体论概念试图赋予整体性概念以某种科学意义。我们可以在生物学、医学和心理学中同样看到这种共同的趋势。

我们已详细地论述过现代生物学思想的基本概念及其对不同领域的影响。首先是整体性概念。我们不仅必须考虑有机体的各个部分和单个的过程，而且必须考虑它们共同的相互作用和支配这些相互作用的规律。这些无论在有机体受扰动后的调节现象中，还是在有机体正常的活动中，都清楚地表现出来。其次是组织概念。生物界的基本特征在于它是巨大的等级体系，它从有机化合物分子经过自我增殖的生物单位，延伸到细胞和多细胞有机体，最后到生物群落。新的规律均在组织的每一层次上显示出来，而生物学研究的任务就在于逐渐地揭示这些规律。最后是动态概念。活结构不是存在，而是变易。它们是物质和能量不停流动的体现，物质和能量不停地流经有机体同时又构成有机体。动态概念构成了生物学许多领域中精确定律的基础，也提供了理解诸如等终局性那样的现象的基础，等终局性迄今仍被人们看作是不能用科学术语解释的神秘现象。

虽然近几十年来许多作者提出了类似的观点，但本作者可以断言，他从 1926 年起发展起来的机体论概念，可以说是第一个在逻辑上表述一致的新观点，这一新观点可作为生物学的作业假说。这个概念产生的丰硕成果，可以在后面得出的许多结论中看到，而且为后来的研究所证实并被详尽阐述。那么，再次概述这些方面的发展，也许是有益的。

许多科学家已接受了机体论观点，有趣的是，可以看到其中有些科学家来自对立的阵营。例如，生物化学家李约瑟早先曾严厉地批判过生物学中的整体概念，后来他采纳了机体论概念。正如李约瑟（Needham，1932）所说，生物学理论的中心问题是组织问题。虽然 J. S. 霍尔丹考虑到对生物学问题的充分解释涉及生命系统的组织问题，但冯·贝塔朗菲和伍杰的机体论概念表明，有必要研究生命系统的组织实际上究竟是什么。因而，组织不只是一种解释的问题，而是生物学中最迷人的和最困难的问题。承认这个事实，与活力论毫不相干。另一方面，在动物行为领域从事工作的阿尔弗德斯（Alverdes），起初坚决主张活力论观点，后来接受了机体论概念（Alverdes，1933）。阿尔弗德斯（Alverdes，1936）、贝文克（Bavink，1929）、卡纳拉（Canella，1939）、格斯纳（Gessner，1932，1934）、特里比诺（Tribiño，1946）和昂格雷尔（Ungerer，1941）的著作，可以说是对机体论概念的深入介绍。对于机体论概念，比宁（Bünning，1932）、格罗斯（Gross，1930）和M. 哈特曼（Hartmann，1937）从机械论方面作了批判的论述，文茨尔（Wenzl，1938）从活力论方面作了批判的论述，布洛伊勒（Bleuler，1931）、伯卡姆普（Burkamp，1930，1936，1938）和林斯鲍尔（Linsbauer，1934）从中间立场作了批判的论述。在贝文克（Bavink，1944）、比察里（Bizzarri，1936）、布罗默（Brohmer，1935）、迪肯（Dürken，1937）、冯·弗拉肯贝格（Frankenberg，1933）、H. 约尔丹（Jordan，1932）、O. 柯勒（Köhler，1930）、李约瑟（Needham，1936，1937）、冯·内尔加德（Neergard，1943）、奥尔德考普（Oldekop，1930）、里特和贝利（Ritter & Bailey，1928）、E. S. 拉塞尔（Russell，1931）、扎佩尔（Sapper，1930）、昂格雷尔（Ungerer，1941）、韦莱（Wheeler，1929）、伍杰（Woodger，1929）、沃尔特里克（Woltereck，1940）等人的著作中可以发现相似的观点，其中某些观点是由他们独立提出的，另一些观点是在和我们的工作相互交流中提出的。

物理学家薛定谔（Schrödinger, 1946）也独立得出了类似于机体论的概念，“生命问题——虽然它并不超脱迄今所知的物理学定律——可能包含迄今未知的不同的物理学定律。然而，一旦人们认识这些新的物理学定律，这些定律会像已知的物理学定律那样整合成为这门科学的组成部分。”米塔施（Mittasch, 1935, 1936, 1938）关于生物催化和关于自然界因果关系的等级体系的工作，也与机体论概念有密切的关系；阿尔弗德斯（Alverdes, 1937）的马堡学派关于动物行为的工作，H. 约尔丹（Jordan, 1941）关于生理学基本原理的论述，赫希（Hirsch, 1944）关于动态组织学的观点，也是如此。在发育生理学领域，达尔魁（Dalcq, 1941）按照自己的看法表述了机体论概念。无需再作详细的讨论，我们可以注意到现代生物学的总趋势是符合机体论概念的，这个作业假说在生物学的所有领域中得到了应用。这里只能对本作者及其同事所作的应用以及与之密切相关的发展状况，作一个概述。

关于活组织问题，本作者在1932年就表明它是未来的研究纲领：

有种看法认为，物理结构的等级体系应以蛋白质的胶团为终点，超出这个限度，只能应用无序的定律（即溶液中的概率分布的定律，这个定律来源于热力学第二定律）或摩尔定律；因此，有机体或者可能是纯粹的“混合物”，或者可能是刚性的“机器”。这种看法似乎完全是任意的假设，它对遗留的实际问题——有机体生命过程的有序性——毫无所知。相反地，从胶团排列（其规律部分地为人所知）到非刚性程度和动态程度更高的有序状态即被称为原生质和细胞的“活组织”（其规律尚未为人所知），很可能有连续的过渡。当然，活组织不仅是“非刚性”的，而且是“动态”的。这里，“组织”问题与“稳态”问题联系了起来。

正像弗雷-威斯林介绍的，原生质的亚显微形态学在当时出乎意料地遇到了这种挑战。蔡格（Zeiger, 1943）证实了原生质组织的“动态”概念（第 37 页）是必需的。在我们早期工作中形成的关于细胞理论及其局限性的概念（1932），与赫泽拉关于“细胞间组织”（Huzella, 1941）的有意义的工作是一致的。在更高的组织层次上，动态概念克服了结构与功能之间的明显对立，把有机体看作是以不同速度发生的诸过程的等级体系。这个概念是由冯·贝塔朗菲和本宁霍夫（Benninghoff, 1935, 1936, 1938；参见第 140 页以下）提出的。本作者根据动态观点和机体论观点，对同源概念重新下了定义（von Bertalanffy, 1934；见下一本著作）。冯·纳茨默尔（Natzmer, 1935）对生物个体性的看法与我们的看法几乎在字面上是对应的。路格迈尔（Lugmayr）根据托马斯主义哲学的观点讨论了这个问题（1947）。

人们发现，机体论生物学的观念在生态学中也是有用的。在林学中，莱梅尔（Lemmel, 1939）认为森林是一个在个体的变化中保持其自身的生物群落，他根据这种森林的机体论概念，引出了永续森林的原理。这个有趣的例子表明，机体论概念不仅有理论价值，而且也能适用于重要的实际问题和经济问题。范泽洛（Vanselow，1943）也认为林学的现代概念与机体论生物学是一致的。韦伯（Weber，1938，1939）根据机体论概念，对普通生物学体系中的环境（*umwelt*）概念下了定义。冯·于克斯屈尔（J. von Uexküll，1864—1944）在引用这个术语时，只强调了有机体与环境之间的关系，即对感官-刺激作出反应这一面。因此，他的环境概念只限于感官生理学，但事实上这是一个伪心理学概念。可是，按照韦伯的看法，我们应当在更广泛的意义上给环境概念下定义。这个概念表示对有机体发生影响的整个系统。这个系统依赖于有机体的特定组织，同时，也使有机体的自我保持成为可能。因此，环境不仅包括能作为刺激而发生作用的东西，还包括有机体自我保持所必需的全部综合条件。另一方面，环境概念在人类活动领域中受到了限制。动物的环境依赖于它们的肉体组织。可是，在科学的演进中，出现了逐渐排除拟人化特征的情况，也就是说，那种信赖人类感觉装置具有独特组织的性质和范畴逐渐被排除（von Bertalanffy，1937）。这种观点类似于格伦（A. Gehlen，1904—1976）[1] 对于冯·于克斯屈尔所提倡的环境概念的批评；他也断言这种概念不适用于人类文化活动。本作者对人的独特性问题也曾作过讨论（1948；见下一本著作）。

开放系统理论在物理学、物理化学、生物能学和生理学领域引出了许多新的问题和新的见解（见第 131 页以下，第 137 页以下，以及下一本著作）。普里戈津和维亚梅（Prigogine & Wiame，1946）、普里戈津（Prigogine，1947）、赖纳和施皮格尔曼（Reiner

① 格伦：《人》（*Der Mensch*），柏林，1940 年。

& Spiegelman，1945）、斯克拉贝尔（Skrabal，1947）等人的工作，我们已经提到过了。德林格尔和韦茨（Dehlinger & Wertz，1942）将开放系统理论应用于基本生物单位（病毒、基因），并把这些基本生物单位看作是处于稳态中的单维晶体；冯·贝塔朗菲已提出了一个更为详细的模型概念（1944）。

多特韦克（Dotterweich，1940）对“生物平衡”问题做了综合的研究，尽管他对这个概念的解释非常广泛，从而囊括了多种性质的现象。因此，他的概念大部分仍是形式的。他区分了迄今所理解的“生物平衡”概念的三种应用：（1）形态学上的“器官平衡定律”（Goeffroy st. Hilaire, Goethe）；（2）生物群落的平衡（Escherich, Friederichs, Woltereck，等）；（3）作为动态平衡或稳态的有机体的生理学概念（von Bertalanffy）。在这些概念中，最后一个看来是基本的。可以将“器官平衡”看作是有机体在其异速生长过程中达到的稳态（第 145 页）。可是，生物群落的平衡并不表现为物理、化学实体的稳态，而表现为超个体单位的更高层次上的稳态。基于开放系统的广义化的动力学（有点相似于我们的“系统论”）和梯度原理，施皮格尔曼建立了形态发生中的竞争、调节、优势和确定的定量理论（1945）。

“作为开放系统的有机体”概念，导致了动态形态学（von Bertalanffy，1941），即把有机体形态解释为有序的过程之流的结果。这使形态学和生理学的方法和观点的整合成为必要，并为发现新陈代谢、生长和形态发生的定量定律铺平了道路。本作者及其在该领域工作的团体对于这个问题的论述，前面已作了列举（第 142 页以下）；在下一本著作中，将作更详细的概述。克拉特（Klatt，1949）对动态形态学已作了重要的讨论。他最早在形态学领域中应用定量方法，引进了现被称为异速生长的定律，评论了对有机体形态进行定量分析的意义、成果和限度（1921）。

关于近来的实验结果与从机体论观点推导出来的神经系统功能的概念之间的相符，已在前面指出了（第 125 页）。

医学科学的发展与现代生物学的发展是非常相似的。微耳和的细胞病理学旨在将疾病分解为细胞所受的扰乱。他拒绝诸如体质之类的概念，而体质概念在现代医学中再次变得十分重要，恰恰是因为它建立在“有机体作为一个整体”概念的基础上，但微耳和却认为这是错误的。然而，现代医学显然是朝机体论观点的方向发展的；内分泌学或人的体质理论就是机体论医学的范例。

事实上，机体论概念在医学领域中作为一种“解放的成就”而受到欢迎。按照冯·内尔加德（Neergard，1943）的看法，齐默尔曼（Zimmermann，1932）可能是第一个认识到现代生物学概念对医学实践具有意义的人。正如他所说的：“由于医学主导观念的发展与理论生物学主导观念的发展之间有明显的一致性，医学所取得的任何一点成就都可看作是具有历史意义的成就。”机体论概念似乎“变得与现代医学科学的主导观念和必要假说最为接近”。齐默尔曼在后来的一篇论文（1935）中根据机体论生物学批判了所谓的“生物医学”。罗特舒（Rothschuh，1936）在对现代医学的各种理论倾向进行比较性的概述时，驳斥了机械论、活力论和心理活力论的理论，称赞机体论概念是现代医学可靠的理论基础。克拉拉（Clara，1940）关于医学中整体性问题的表述是紧接着冯·贝塔朗菲（1937）所作的陈述而提出的。当妇科专家塞茨（Seitz，1939）就生长、性和生殖的调整的生物学、生理学和医学问题，提出“生命过程（包括正常的和病理的）的整体论观点”时，这个观点与机体论概念甚为接近。一般来说，我们的生物学概念与主要医学家如阿绍夫、贝特、比尔（Bier）、布鲁格施（Brugsch）等人强调的概念是非常符合的。内尔加德（1943）关于身体理疗的工作与机体论概念有着密切的关系。动态形态学概念与克雷奇默尔（Kretschmer）的马堡学派的康拉德（Conrad，1941）关于人类的体质类型的工作之间也有明显的一致，虽然这两条思路是完全独立地发展出来的。机体论概念对医学的影响特别值得注意，因为医学还有临床实践这一面，所以它是对生物学理论的最好检验。

机体论概念在心理学领域中也得到了应用。蒂姆伯（Thumb，1944）概述了机体论概念对于心理学的意义，评估了动态平衡和稳态观念作为心理学领域的模型概念的意义。人们在心理学领域中发现了相似于生物学领域的原理。尤其当人们就像根据动态形态学观点思考形态发生那样，从发育规律的观点沉思人类环境的建立问题时，生物学意义上的环境概念（von Uexküll，Weber）与认为这种概念不适用于人类的观点（Gehlen）之间的争论消失了。正如生物学中的动态和整体概念与心理学中的格式塔理论具有类似性，生物组织的等级体系与人格的层次（Rothacker，1947）有着对应性。机体论概念也应用于精神病学和社会学领域（Burrow，1937；Syz，1936）。行为被看作是组织内张力的模式，对于精神疗法来说，它主张不应把神经病患者看作孤立的个体，而应视为处于一定社会单位中的个体。同时，上面提到过的人类独特性（第 195—196 页）的另一方面问题就变得明显了。在动物王国中可以发现对抗与合作的倾向，但是，我们只在人类行为中发现了憎恨、罪恶和社会的无政府状态。这些现象似乎与感情的倾向有关，而感情的倾向依附于那些表达语义的方式——思维（ideation）与言语（speech）——正是这些使人类提升到所有其他动物之上。

机体论概念在哲学中也有许多应用，以下我们所知的有关应用就是对我们学说的发展。卡西尔学派的拉森（Lassen，1931）论述了与机体论概念有关的物理学非因果性问题和目的论问题。

费赖斯（Fries, 1936）把机体论概念作为归纳的形而上学的基础。巴劳夫（Ballauff, 1940，也可参见 1943）对冯·贝塔朗菲的机体论概念和哈特曼（N. Hartmann, 1882—1950）的分层学说（*schichtengesetze*）作了综合。按照分层学说，可以把现实看作连续叠加的层次，每一层次有它自己的规律。巴劳夫根据等级秩序和稳态保持的原理采纳我们关于有机体系统的定义，以机体论的方式（即有机体中持久存在的，正是其所特有的有序规律）表征自主性，并且阐明了有机系统概念的哲学结论。

我们已提到的等终局性的新概念，作为我们的理论在哲学上的重要推论，为迄今被人们认为是形而上学的和活力论的定向性（directiveness）概念提供了物理基础。

机体论概念的最终概括是一般系统论的创立（最早见于 von Bertalanffy, 1945；见第 209 页以下以及下一本著作），一般系统论是精确的、数学化的本体论的基础，也是不同科学领域中一般概念的逻辑相应性的基础。

因此，可以说，机体论概念在从生物学的特殊问题到人类知识的一般问题的许多领域中被证明是富有成果的。这个概念最令人信服的证据是：它已被应用于完全不同的领域，如物理学、物理化学、解剖学、胚胎学、生理学、林学、医学、心理学和哲学；并且使所有这些领域中的许多问题得以阐明。

4. 心理学

现代心理学的发展具有特殊的意义，因为对整体性问题的最初科学探讨就是在这个领域作出的。正像生物学探讨躯体现象那样，传统心理学试图把精神生活分解为孤立的事件，即心理原子。例如，认为视觉是对应于视网膜上单个细胞兴奋的感觉元素与大脑皮层视觉区相应的细胞兴奋的感觉元素的总和。但这种概念的不足之处很快就显现出来了，心理学因此引入了控制因素，如“统觉”——按照冯特（W. Wundt，1832—1920）的说法，统觉是一种可以与生物现象中活力因素的假设相比拟的解释。格式塔心理学试图克服这种二难困境：按照冯·爱伦费尔斯（C. von Ehrenfels，1859—1932）的说法（1890），格式塔可以被定义为心理的状态和事件，这些心理状态和事件所特有的性质是不能通过其各个组分的累加获得的（爱伦费尔斯第一准则）。例如，一幅被看到的几何图案，不只是各种色点的总和；一首乐曲，不只是许多单个音符感觉的总和；一句格言，也不只是许多单独词义的总和。而且，同样的形状可以用其他的颜色，并在视野的不同部位呈现出来。同一首乐曲可以用不同的音调演奏。同一个意思可以用不同的词表达。因此，当格式塔的组成部分变化时，它仍保持原样。格式塔是可变换的（爱伦费尔斯第二准则）。

现在，传统理论用结构机械论解释精神生活中的有序性。一种感觉器官，例如视网膜，受到大量刺激。来自视网膜每一个点上的局部的兴奋，通过固定的神经通路，传导到大脑视觉中枢的相应终点，因而，与视网膜元素的镶嵌图案成一致的，是大脑皮层中神经元的相似镶嵌图案。同样，才干、识别能力、联想、条件反射等，可以用学习过程中相关中枢之间神经通路的建立加以解释。

与传统理论形成对比的是，格式塔理论证明，不可能把知觉解析为基本感觉元素和兴奋元素的纯粹总和。例如，像三角形这样的图案，即使它呈现为不同大小的形状，出现在视野的不同部位，我们也能辨认它。视网膜受刺激的点是不同的，相应地，兴奋过程通过不同的神经纤维传递到视觉中枢的另一些神经细胞。然而，不同的视网膜细胞、神经纤维和视觉中枢细胞的兴奋，产生相同的印象，即“三角形”。反过来，相同细胞的兴奋可以产生不同的印象。例如，如果起初落在那些视网膜细胞上的是三角形的映象，后来视网膜细胞受到圆形图案的刺激，那么就会有不同印象产生。

格式塔是按照动态规律形成的心理整体。最重要的原理是完形趋向（pregnance）原理，即呈现最简单的、可能发生的形态或最“有意义”形态的格式塔趋向。例如，如果在一瞬间内，排列成圆圈的九个点呈现到眼睛中，第十个点稍微在圆圈之外，这个在圆外的点好像移向圆周，以完成最有意义的、可能发生的格式塔。或者，如果瞬间呈现的图案显示出许多细小的缺口，那么会看到弥合这些缺口的运动，该图案缺口的各端闪现在一起。如果一根棍棒在视网膜上的投影经过盲点，那么就不会看到任何缺口，然而如果某个人的手的投影落在观察者固定眼睛的盲点上，那么就看不到手的顶部。其原因是，只有呈现一定几何图案的格式塔才可能被完整地“脑补”出来。

因此，知觉不是孤立的和彼此无关的感觉的总和，而是感觉形成了受动态原理支配的完形系统（configurational system）。

很有可能，记忆理论也应当以相似的方式进行重塑。传统记忆理论的观点是累加的观点和机械论的观点。它假定，早先兴奋的记忆痕或“印象”保留在微小的一群群神经节细胞中，就好像贮藏在无数仓库中，而这些仓库由无数神经通路相互连结起来。这种观念显然是行不通的（R. Wahle）。可是，如果格式塔知觉是一种系统过程，以动态的方式组织起来、分布在较大的大脑皮层区上，那么兴奋的后效应不会由留在诸单个细胞中的孤立的记忆痕构成，而会由留在较大脑区的某种变动中的记忆痕构成。事实上，实验和临床的经验表明，就记忆而言，大脑不是作为细胞的总和或有明显界线划分的中枢的总和而发生活动的。大脑中局部的损害并不只是破坏某种单一功能，而是其他功能都受到影响，并且，受损害部位的功能越是重要，对其他部位功能的影响就越强烈。由此，与通路理论相对立的另一种概念就提出来了。这种概念可以假定，在学习期间，当两个有联系的刺激起作用时，脑过程表现为一个整合的总体。相应地，它会留下整体的记忆痕。在学习期过去后，新的局部刺激会唤醒作为一个整体的记忆痕，由此产生联想、回忆或条件反射（von Bertalanffy，1937）。①

如果知觉不是若干单个感觉马赛克式的镶嵌组合，而是已被领悟的格式塔按照动态规律将它们自己组织起来的话，那么我们必定可以进一步断定，与形成知觉相应的生理事件，不是若干单个兴奋的集合或总和，而是整体或“格式塔”。从这种考虑出发，柯勒（W. Köhler，1887—1967）提出了格式塔是否仅限于心理学范围的问题（1924）。他强调，一般说来，物理系统不是单纯的总和，而是符合爱伦费尔斯准则的。因此，比如电荷在导体上的分布状态，是不能通过导体各个单独部分上的电荷的累加而获得的，而是取决于导体的整个系统。而且，一部分电荷移动后，系统又会重新确立。一般说来，物理系统中的状态（例如，导体上的电荷分布）和过程（例如，稳定的电流在导体系统中的分布）取决于该系统所有部分的状况。因此，它们被表征为格式塔。最后，柯勒（1925）将同样的观点应用于生物学问题。有机体中的过程按照整体的需要作出调节，这是生命现象最显著的特征。甚至包

① 罗尔阿赫尔（H. Rohracher，1903—1972）最近提出了一种实质上与此相似的观点［《心理学教程》（*Lehrbuch der Psychologie*），第 2 版，维也纳，1948 年］。

含所有单个反应的完整的物理-化学知识，也不可能对生命现象作出充分理解。机械论者确信，生命活动的有序性，是由机器式的结构赋予的；但这种解释面对生命活动的调整现象时遭到了失败。另一方面，活力论者乞求超自然的力量，但是，正如杜里舒的海胆实验所表明的，部分依赖于整体，这并非活力论的特征，而是格式塔的一般特征。热力学第二定律所适用的每个系统最终达到平衡态，这可以用任何部分的状态依赖于整体系统的状态来加以表征。所以，机械论用预先建造的机器的模式来解释有机体中过程的有序性，活力论则求助于超自然的力量。与这两种观点相对照，还有第三种可能性，即在整合系统中进行动态调节。就这方面而言，物理学、生物学和心理学同样涉及那些由动态造成过程有序性的系统。基本的原理是平衡原理或完形趋向原理。在物理学中，这个原理表现为趋向于象征平衡态的最小值状态。在生物学中，有机体内过程的有序性和受扰乱后的调整，同样可以看作是趋向于建立平衡态的结果。在心理学中，精神事件看来是格式塔的；与此相对应，物理学领域中的格式塔证明，允许将基本的生理事件解释为格式塔过程。作为经验的格式塔表现为大脑兴奋过程平衡分布的相互关联，而大脑兴奋过程则趋向于最简单的可能发生的完形。

柯勒的概念标志着现代机体论系统概念的引用。反对格式塔理论的主要理由有两条。第一是认为它缺乏实验的可能性，它只能纲领性地断定经验的格式塔对应于大脑中兴奋的格式塔似的过程。人们所做的任何尝试几乎都不能更为严密地确定生理学的兴奋-格式塔，也不能充分地弄清构成生物整体性的基础的系统-过程。但是，诸如“平衡”、格式塔等一般概念，并非像早先杜里舒所强调的，是一种解释。所必需的是，对这些有争论的系统和过程以及支配这些系统和过程的规律作出精确的陈述。目前生物学在何种程度上有可能做到这点，本书在前面已作了论述。第二条反对理由涉及格式塔理论所假设的生物学和心理学过程中的一般分布类型。柯勒试图用遵循热力学第二定律的平衡态的确立来解释有机体的调整活动。但是，这种概念原则上不适用于活机体，因为活机体不是热力学平衡系统，而是远离真正平衡而保持在稳态中的开放系统。因此，机体论调整理论需要新的原理，而这新的原理必定可以从开放系统理论中推导出来。

总之，现代心理学和生物学的发展之间存在着一种惊人的一致。现代心理学教科书，诸如梅茨格（W. Metzger，1899—1979）的格式塔心理学著作（1941）[①]，可以说，就原理对原理而言，是能够被转译成机体论语言的。我们倾向于认为，一般系统论（第209页以下）作为一种调节工具，一方面对于建立不同领域通用的那些一般原理，另一方面对于防止不同领域之间无根据的类比，都将是有用的。

5. 哲　学

我们时代未来的历史学家会记下这一引人注目的现象：自从第一次世界大战以来，不仅在不同的科学领域中，而且在不同的国家里，都独立地出现了有关自然、精神、生活和社会的类似概念。我们处处发现了相同的主导性的基本概念：表示各个层次上的新特征和新规律的组织概念，内在于实在的动态本质和对立面的概念。

① 梅茨格：《心理学》（*Psychologie*），不伦瑞克，1941 年。

一切动态哲学之父是赫拉克利特；他关于“万物皆流”和“对立面的统一”的观点，是一种世界观最初的、深刻的和神秘的表达。现今，我们试图用物理科学和生物科学的合适语言来表达这种世界观。这种来源于赫拉克利特的思潮，产生了意大利-德国文艺复兴时期一位神秘人物——红衣主教库萨的尼古拉（Nicholas of Cusa，1401—1464）。库萨的尼古拉是最后一位著名的中世纪神秘主义者，也是现代科学的前驱。他推翻了古代和中世纪的地球中心说体系，主张宇宙的无限性。因此，他是现代天文学和焦尔达诺·布鲁诺（Giordano Bruno，1548—1600）充满热情的哲学的先驱。他沉思无限性，由此而创立了开方，这最后导致了莱布尼兹（G. Leibniz，1646—1716）的微积分的发明。他在物理学、地理学和医学方面的见解，标志着现代科学的黎明和从伽利略（G. Galileo，1546—1642）延续到我们时代的伟大学术运动的开端。在库萨的尼古拉关于对立面的统一的学说中，复活了古代哲学的主题思想，并使之延续到现代。实在这个概念在库萨的尼古拉的表述中即上帝，它只能用对立面的陈述来表示，用现代术语来解释，这也是对语言的象征主义的最深刻批判，人们终于发现，这种对立面的陈述在“互补”这一概念中得到最精妙的表达，“互补”对于现代物理学诸概念同样是必要的。这种智慧的遗产在雅各布·波墨（Jacob Böhme，1575—1624）朦胧的神秘主义、莱布尼兹明晰的数学和自然哲学、歌德和荷尔德林（J. Hölderlin，1770—1843）富有诗意的幻想中保持了下来。

歌德不仅是一位诗人，也是一位著名的博物学家，他是形态学——生物形态科学的奠基者。他设想，在动物和植物多样性中，可以说有大自然艺术家的基本的设计蓝图和创造理念。因此，他认为植物形态的千差万异都是某种理念的原始植物（an ideal original plant）的变异，这一原始植物的基本要素——叶子——是以不同的方式发生变形的。可是，就歌德的世界观而言，仅仅看到这种植根于柏拉图理念学说的“唯心主义形态学”的要素，可能是表面的。在这种理念的形态背后，有着赫拉克利特的动态思想，我们可以在歌德的《死与变》（*Stirb und Werde*）和《变易中的永续》（*Dauer im Wechsel*）中看到这种动态思想的表达。由于形态美的背后还存在着实在的矛盾性，这使我们的思想和行为只能使用符号。因此，“我们思想火焰的腾飞需要借助于形象和图像”，而我们所做的这些毕竟是使用符号的，所以，正像歌德对爱克曼（J. Eckermann，1792—1854）所说的，“某人做的是罐子还是坛子”，这毕竟是无关紧要的。而且，赫拉克利特关于对立面的统一的思想，是充满悲剧性幻想的荷尔德林哲学的核心。正像后来尼采和巴霍芬（J. Bachofen，1815—1887）所揭示的，他从古希腊文化中预见到内在矛盾，用他自己的心灵反映这些矛盾，而又被这些矛盾击碎。

通过这些著名的思想先驱，可以追溯我们时代的自然哲学之源。这些多种多样的独立的思想源泉汇入了共同的思想之流。

哲学的发展先于心理学和生物学的发展。因此，N. 哈特曼在1912 年强调系统概念的必要性。那种认为因果性仿佛是许多单个因果链平行地起作用的看法是欠妥的。重要的是相互作用。在一个系统中，各种力互相平衡，因此，它们的共存导致了相对稳定的结构，这个结构能抵抗破坏性。同时，每个有限的系统是更高系统的成员，而且它本身包含着诸多更小的系统。这种包含不只是一种被动的封装，而是共同相互依存的。较低序列系统的某些活动在较高系统的整合中起作用。反过来，较高系统的某些活动共同决定着较低系统的活动。生物体现了力的系统最复杂的构型。相互作用在其中是基本的；相互作用使所有的部分过程整合为整体，并由系统规律支配这些过程的协同作用。哈特曼在他后来的工作中，发展了关于实存的分层理论。分层理论在不同的领域——无机的、有机的和精神的领域——甚至显示出更高的和更复杂的范畴。

我们叙述了生物学和心理学的新概念是怎样在德语国家中形成的。在非德语国家也同样出现了类似的和独立的发展，这是现代思想史上最引人注目的现象。伍杰说得好，未来的生物学史很可能包括题为“20 世纪初为机体论概念而斗争”的一章。它将叙述以下内容：有机体这个概念在笛卡儿哲学的影响下是如何被忽视的；机械论形而上学是如何完全不允许生物学将有机体想象为不同于一大堆微小的坚固粒子的任何东西的；本世纪初最早出现的机体论概念又是如何因不恰当的表述而受挫的，其中，杜里舒只是用超自然的操纵者的概念代替荒谬的无操纵者的机器的概念；最后，为什么最早认真接受机体论概念的，不是生物学家，而是某些哲学家和数学物理学家。

如同杜里舒在德国所做的那样，英国生理学家 J. B. S. 霍尔丹拒斥生命机器论。他从有机体协调的自我保持看到了生命的本质，认为这种协调的自我保持的活动在原则上不可能用物理-化学的术语加以描述。像格式塔概念在德国那样，机体论概念在英国扩延到也包括无生命系统在内的范围。根据劳埃德·摩根（C. Lloyd Morgan，1852—1936）的看法，有机体的特征就在于它的各个组成部分所特有的性质归因于整体，因此，一旦整体被破坏，这些部分所特有的性质也随之消失。摩根所说的“突现”（emergent）进化和“合成”（resultant）进化，与德国文献中的格式塔、总和的术语相对应。因此，每一层次——电子、原子、分子、胶态单位、细胞、组织、器官、多细胞有机体和生物群体——由于突现进化而获得了超出从属系统的新特征。

数学家怀特海（A. Whitehead，1861—1947）的“有机机械

论”，既超越了关于分子盲目活动的概念，也超越了活力论的概念。所有真正的实体是“有机体”，在有机体中，整体的状态影响着从属系统的特性。这个原理具有相当大的普遍性，并非活机体所特有。在现代物理学中，原子变成一个有机体。通过物理学概念的转变，科学触及一个既非纯粹物理，也非纯粹生物的方面——它变成了对有机体的研究。生物学研究的是较大的有机体，物理学研究的则是较小的有机体。

继霍尔丹学说之后的是斯马茨（Smuts）和迈耶-艾比切（Meyer-Abich）的整体论。按照整体论，生物学定律比物理学定律更具有普遍性。因此，如果人们能够对生物现象作出数学的描述，那么，特征性的生物参数消去之后，可以得到对生命和非生命现象都适用的简化公式，这个公式与我们所说的物理学定律是一致的。可是，目前还没有例子能够实际地证明从生物学定律中推导出了物理学定律（以及从心理学定律中推导出了生物学定律）的“简化演绎”的程序。因此，整体论是一种哲学思辨，就我们现有的知识而言，它几乎得不到任何事实的支持。

俄国的辩证唯物主义一方面来源于黑格尔（G. Hegel，1770—1831）的哲学，另一方面来源于马克思和恩格斯的经济学理论。它的原理阐述如下：第一，自然界不是许多分离单位的聚集，而是一个有机的整体，这个整体内各个组成部分是紧密相关和相互作用的。第二，自然界不是处于静止的和不变的状态，而是处于持续不断的运动和进化的状态中。第三，在进化过程中，受自然规律的支配，在从某一组织层次到更高组织层次的转折点上出现了跳跃，量的变化变为质的差别。第四，内在矛盾是自然现象本身辩证地固有的，所以，进化过程是以对立倾向的斗争的形式发生的。

当然，模糊所有这些思潮中深刻的意识形态差异和对比是荒谬的，同时，我们暂不对这些思潮的价值作出评判。但是，这些思潮的基本对立使“对立面的统一”变得更加明显。从绝对不同的甚至完全相反的出发点，从极不相同的科学研究领域，从唯心主义哲学和唯物主义哲学，在不同的国家和社会环境中，逐渐形成了本质上类似的概念，这表明了这些概念的内在必然性。这正意味着这些共同的一般概念本质上是真实的和不可避免的。

6. 一般系统论

从我们所作的这些陈述中，浮现出了一个惊人的远景，一个迄今未被料想到的“世界概念的统一”的远景。无论我们研究无生命事物、有机体、精神现象还是社会过程，处处都已逐渐形成了类似的一般原理。那么，这些原理相类似的根源是什么呢？

我们对这个问题的回答，诉诸科学的一个新领域，我们称之为一般系统论。这是一个逻辑-数学的领域，它的主题内容是表述、推导对各种系统普遍适用的那些原理。“系统”可以被定义为处于相互作用过程中的诸要素的综合体。不论系统的组成要素的性质以及这些要素之间的关系或力的性质是什么，总存在着对诸系统都适用的一般原理。以上提及的所有学科领域都是与系统有关的科学，从这一事实出发，我们可以探求不同领域中定律的结构一致性或“逻辑相应性”。

普遍地适用于诸系统的原理，可以用数学语言进行定义。对此，本作者将在下一本著作中作更详尽的论述。那时，人们会看到，可以从关于系统的一般定义中引申出诸如整体性与总和、逐渐机械化、集中化、主导部分、等级秩序、个体性、终局性、等终局性等概念；这些概念，迄今为止经常被人们以含糊的、拟人化的或形而上学的方式进行想象，但实际上这些概念乃是系统的形式特征或某些系统条件导出的结果。

一般系统论具有多方面的意义。首先，我们可以区分现象描述的各个层次。第一个层次只表现为类比，即现象表面的相似性，它们既不与在这些现象中起作用的因素相一致，也不与适用于这些现象的定律相一致。一个例子是生命影像（simulacra vitœ），这在 20 世纪初的生物学领域中是很流行的，例如，当渗透的“细胞”与有机体相比较时，它们是相像的。第二个层次表现为逻辑的相应（homologies）。在这里，现象所包含的因果关系的因素是不同的，但受结构上相同的定律的支配。例如，液体流动和热传导现象都可以在数学上用同一定律表达。当然，尽管物理学家知道并不存在“热流动”，但热传导是由分子运动赋予的。最后，第三个层次是严格意义上的解释，即对存在于个别事例中的条件和力的陈述，以及对由此推出的定律的陈述。类比，在科学上是无价值的。可是，相应，通常能提供非常有用的模型，并且这种以相应为基础的模型方法广泛应用于物理学领域。

因此，一般系统论可以作为区别类比与相应的工具，以建立合理的概念模型，使一个领域的定律转换为另一个领域的定律；另一方面，以防止不可靠的、不能允许的类比所得出的错误结论。然而，在那些超出物理-化学定律框架之外的科学中，诸如人口统计学和社会学，以及生物学的广泛领域中，如果选择适当的概念模型，就能阐述出精确的定律。逻辑的相应性（logical homologies）是从一般系统的特征中产生的，这就是为什么不同领域中会出现结构上相似的原理，并由此导致不同科学领域中产生类似演进的原因。

一般系统论确立了有明确意义的问题。因此，如沃尔泰拉所说，可以建立与机械动力学相应的人口统计动力学或人口动力学。最小作用原理出现于完全不同的领域：如力学、物理化学中的勒夏特列原理（按照普里戈津的看法，这个原理也适用于开放系统），电学中的楞次定律，沃尔泰拉的人口理论，等等。再有，张弛振荡（第 147 页）出现于某些物理系统中，同样也出现于许多生物现象和人口统计现象中。一般周期性理论对于各个领域都是很需要的。因此，有必要作出扩展原理的尝试，这类扩展原理就像最小作用原理、针对稳态问题的稳定解和周期解（平衡和节律变化）条件的原理，等等。从某种程度上看，这些原理在物理学领域是具有普遍意义的，因而，对于任何类型的系统都可适用。

从逻辑-数学的观点看，一般系统论的地位相似于概率论的地位，概率论本身是纯粹形式化的，但可以应用于完全不同的领域，例如热理论、生物学、实用统计学等。

在哲学中，一般系统论可以用一般原理的精密体系取代所谓“本体论”或“范畴论”的学说。实际上，在这个题目下，N. 哈特曼已对有关系统的知识和现实的特点作了阐述，由此可用数学的形式加以发展。

在这个意义上，一般系统论可以被认为是通向莱布尼兹梦寐以求的**通用数学**——包含各种科学在内的综合的语义系统——的一个步骤。也许，可以说在现代动态概念中，系统论能起的作用，相似于亚里士多德逻辑学在古代的作用。对亚里士多德逻辑学来说，分类是基本的方法，因此，关于种属中的共相关系的学说，表现为基本的科学研究法。在现代科学中，动态的相互作用是所有领域的基本问题，它的基本原理必将在一般系统论中得到表述。

7. 结　语

科学的进展并不是一种在学术真空中的运动；相反，它既是历史发展进程的表现，又是历史进程的动力。我们已经看到机械论观点是怎样在所有的文化活动领域中表现出来的。机械论关于严格因果性的基本概念，关于自然事件的累加和随机特征的基本概念，关于实在的基本元素的疏离性（aloofness）的基本概念，不仅统治了物理学理论，而且支配着生物学的分析、累加和机器理论的观点，支配着传统心理学的原子主义和社会学的“一切人反对一切人的战争状态”的观点。承认生物是机器，承认由技术统治现代世界以及人类的机械化，这只不过是物理学机械论概念的扩充和实际应用。

科学的新近进展表明，人类的智力结构发生了总体的变化，这种变化完全可以与人类思想的伟大革命相比。“正如冯·贝塔朗菲曾经认为的，理论生物学在哲学上提出的重要见解，是我们文明史上的第二次哥白尼革命”（蒂姆伯）。事实上，现代科学发展所导致的观念——整体性、动态、进入更高级单位的组织——都在生命世界中得到了最有意义的表现。我们可以期望这些学术的发展预示着人类度过我们时代可怕的危机（如果这种危机不会导致全部毁灭的话）的新纪元的来临。因为，精神上的革命总是先于物质的发展。所以，由 17 世纪笛卡儿创立的机械论世界的理论概念，是我们时代达到顶峰的生命技术化的先兆。同样，也许我们可以将新的科学概念看作未来发展的前兆。荷尔德林的壮丽诗句不仅对于诗人，而且对于每一项创造性工作来说，都是真确的：“勇敢的精神像雷暴雨前翱翔云空的雄鹰，它的腾飞预示着诸神的来临。”

还有最后一个问题，我们必须作出回答。我们在纯科学的层次上，用机体论概念详述了生物学。我们主张，生命现象是可以用精确的定律说明的，虽然我们也许离这个目标的实现还很远。我们强调，必须否认任何活力因素在可观察到的事物中的干预（可观察到的事物成为科学研究的唯一题材）。于是就发生了这样的问题：这是否意味着一种苍白惨淡的唯物主义，一种无灵魂和无神的自然界？

让我们看一下对这个问题的最准确的科学回答吧。就大范围的综合而言，物理学已成为一种世界观，它使人们可能领悟从量子领域内小得难以想象的单位，直到大得难以想象的星系的实在。我们之所以能用物理学理论在概念上把握自然界，用技术在实践上控制自然界，是因为我们用逻辑-数学关系之网——我们称之为自然定律——把握了自然现象。这种自然定律的构造达到了前所未有的普遍性和客观性，这是现代物理学的胜利。人们已有可能运用这些定律来达到对自然界的技术控制，这种常见的事实表明，这些定律在很大程度上与实在相符。

然而，与这些成就相伴而行的是某种退让。物理学与其过去时代的自我断言相对照，已认识到它的任务是在形式关系系统内描述现象。它不再期望能把握实在的核心。早期物理学认为它在微小的坚硬物体中已发现了最终本质，而现代物理学的陈述却是不同的。物质被分解为某些振荡过程，但振荡只表示某些量值的周期变化，物质的最终本质仍未被确定。

物理学家并不回答电子实际上“是”什么的问题。他所具有的最透彻的洞见只能陈述被称为“电子”的这种实体所特有的规律。同样，也不能指望生物学家解答生命就其“内在本体”而言可能是什么的问题，即使生物学家具有先进的知识，他也只能更好地陈述那些表征着并适用于我们所面对的活机体现象的规律。

不能进行客观研究的诸因素，不得纳入能够说明可观察的事物的定律。在一种与此有着本质区别的层次上，存在着企图获得关于实在的直觉知识的形而上学。我们不仅是科学的智者，我们也是人。用重要的符号表达实在的核心，这是神话、诗歌和哲学正试图做的事。

然而，如果我们渴望用简洁的语句把握生命的本质，那么似乎可以在歌德特别喜爱的表达中找到这种语句。《变易中的永续》称得上是一首含义深刻的诗。在赫拉克利特看来，河流似乎是生命的明喻，它的波涛永远变化不止，但它在流动中持续存留，歌德-浮士德也给出了这种最深刻的知识。虽然不能注视实在的太阳，但是，他和科学的心灵仍满足于一种保持着生命和思想无穷无尽的力量的美妙隐喻：

让太阳在我的后方光芒照耀！
那穿过峭壁奔流直下的大瀑布，
喷溅出无数细珠闪耀发亮，
我越看越欣喜若狂。
阳光透过喧闹飞瀑的空蒙水雾，
绘成一弯绚丽彩虹，是多么壮观。
彩虹在万变的水珠中不变的美姿，
令我凝神而思，更易领悟：
生命不是光，而是折射的色彩。

参考文献

· References ·

说明："参考文献"直接取自英文本，未作改动。正文中引用的文献没有全部出现于此处。

1. Publications Pertinent to the Foundation of the Organismic Conception (extract)

BERTALANFFY, L. v.: *Kritische Theorie der Formbildung*. Berlin, 1928.

Nikolaus von Kues. München, 1928.

Lebenswissenschaft und Bildung. Erfurt, 1930.

Theoretische Biologie. I. Band: *Allgemeine Theorie, Physikochemie, Aufbau und Entwicklung des Organismus*. Berlin, 1932.— Ⅱ. Band: *Stoffwechsel, Wachstum*. Berlin, 1942. 2nd ed., Bern, 1951.

Modern Theories of Development. Translated by J. H. WOODGER. Oxford, 1933.

Teoria del Desarrollo Biologico (Spanish). 2 vol. La Plata, 1934.

Das Gefüge des Lebens. Leipzig, 1937.

Vom Molekül zur Organismenwelt. Grundfragen der modernen Biologie. 2nd ed., Potsdam, 1948.

Biologie und Medizin. Wien, 1946.

Biologie für Mediziner. Wien, in press.

"Zur Theorie der organischen 'Gestalt'," *Roux' Arch.*, 108, 1926.

"Studien über theoretische Biologie," *Biol. Zentralbl.*, 47, 1927.

"Ueber die Bedeutung der Umwälzungen in der Physik für die Biologie" (Studien über theoretische Biologie, Ⅱ). *Biol. Zentralbl.*, 47, 1927.

"Philosophie des Organischen" (Theoretische Biologie), *Literarische Berichte aus dem Gebiet der Philosophie*, 17/18, 1928.

"Eduard von Hartmann und die moderne Biologie," *Arch. f. Gesch. d. Philos, u. Soziol.*, 38, 1928.

"Vorschlag zweier sehr allgemeiner biologischer Gesetze" (Studien über theoretische Biologie, Ⅲ). *Biol. Zentralbl.*, 49, 1929.

"Teleologie des Lebens," *Biologia Generalis*, 5, 1929.

"Organismische Biologie," *Unsere Welt*, 22, 1930.

"Das Vitalismusproblem in ärztlicher Betrachtung," *Medizinische Welt*, 1931.

"Tatsachen und Theorien der Formbildung als Weg zum Lebensproblem," *Erkenntnis*, I, 1931.

"Vaihingers Lehre von der analogischen Fiktion in ihrer Bedeutung für die Naturphilosophie," *Vaihinger-Festschrift*. Berlin, 1932.

"Gedanken im Anschluss an neue Forschungsergebnisse über den Bau des Protoplasmas," *Naturforscher*, 10, 1933.

"Wandlungen des biologischen Denkens," *Neue Jahrbücher*, 1934.

"Biologische Gesetzlichkeit im Lichte der organismischen Auffassung," *Travaux du* Ⅸ[e] *Congrès Internat. de Philos*. (*Congrès Descartes*), Ⅶ. Paris, 1937.

"Die ganzheitliche Auffassung der Lebenserscheinungen," *Kongress für synthet. Lebensforschung*. Marienbad, 1936.

"Zu einer allgemeinen Systemlehre," *Blätter für deutsche Philosophie*,

18, 3/4, 1945.

"Zu einer allgemeinen Systemlehre," *Biologia Generalis*, 19, 1949.

"Das Weltbild der Biologie," *Europäische Rundschau*, 1948.

"Das biologische Weltbild," Ⅲ. *Internationale Hochschulwochen des österr. College in Alpbach*. Salzburg, 1948.

2. Discussions of the Organismic Conception

ALVERDES, F.: "Nochmals über die Ganzheit des Organismus," *Zool. Anz.*, 104, 1933.

"Organizismus und Holismus," *Der Biologe*, 5, 1936.

BAVINK, B.: "Jenseits von Mechanismus und Vitalismus," *Unsere Welt*, 21, 1929.

BIZZARRI, A.: *Le direzioni fondamentali dei processi biologici*. Bologna, 1936.

BLEULER, E.: *Mechanismus—Vitalismus—Mnemismus*. Berlin, 1931.

BÜNNING, E.: "Mechanismus, Vitalismus und Teleologie," *Abh. d. Friesschen Schule, N. F.*, 5/3, 1932.

BURKAMP, W.: "Naturphilosophie der Gegenwart," *Philos. Forschungsberichte*, 2, 1930.

Die Struktur der Ganzheiten. Berlin, 1936.

Wirklichkeit und Sinn. Berlin, 1938.

CANELLA, W.: *Orientamenti della biologia moderna*. Bologna, 1939.

CLARA, M.: *Das Problem der Ganzheit in der modernen Medizin*. Leipzig, 1940.

GESSNER, F.: "Die philosophischen Grenzfragen in der heutigen Biologie," *Freie Welt* (Gablonz), 12, 1932.

"Theoretische Biologie," *Freie Welt* (Gablonz), 14, 1934.

GROSS, J.: "Die Krisis in der theoretischen Physik und ihre Bedeutung für die Biologie," *Biol. Zentralbl.*, 50, 1930.

HARTMANN, M.: *Philosophie der Naturwissenschaften*. Berlin, 1937.

LINSBAUER, K.: "Individuum—System—Organismus," *Mitt. Natur-*

wiss. Verein f. Steiermark, 71, 1934.

NEEDHAM, J.: "Thoughts on the problem of biological organization," *Scientia*, 26, 1932.

REICHENBACH, H.: *Ziele und Wege der heutigen Naturphilosophie*. Berlin, 1931.

THUMB, N.: "Die Stellung der Psychologie zur Biologie," Gedanken zu L. v. Bertalanffys Theoretischer Biologie. *Zbl. Psychotherapie*, 15, 1944.

TRIBIÑO, S. E. M. GORLERI de: *Una nueva orientación de la filosofía biológica: El organicismo de Luis Bertalanffy*. Institution Mitre de Buenos Aires. 1946.

UNGERER, E.: "Erkenntnisgrundlagen der Biologie. Ihre Geschichte und ihr gegenwärtiger Stand," *Handb. d. Biologie*, herausgegeben von L. v. Bertalanffy, Bd. I, 1941.

WENZL, A.: *Metaphysik der Biologie von heute*. Leipzig, 1938.

3. Application to Individual Problems (extract)

BERTALANFFY, L. v.: "Wesen und Geschichte des Homologiebegriffes," *Unsere Welt*, 1934.

"Untersuchungen über die Gesetzlichkeit des Wachstums. I. Allgemeine Grundlagen der Theorie; mathematisch-physiologische Gesetzlichkeiten des Wachstums bei Wassertieren," *Roux' Arch.*, 131, 1934.

Ebenso Ⅱ: "A quantitative theory of organic growth," *Human Biology*, 10, 1938.

Ebenso Ⅲ: "Quantitative Beziehungen zwischen Darmoberfläche und Körpergrösse bei Planaria maculata," *Roux' Arch.*, 140, 1940.

Ebenso Ⅳ: "Probleme einer dynamischen Morphologie," *Biologia Generalis*, 15, 1941.

Ebenso Ⅴ: "Wachstumsgradienten und metabolische Gradienten bei Planarien," *Biologia Generalis*, 15, 1941.

Ebenso Ⅵ (Mit M. RELLA): "Studien zur Reorganisation bei Süsswasserhydrozoen," *Roux' Arch.*, 141, 1941.

Ebenso Ⅶ : "Stoffwechseltypen und Wachstumstypen," *Biol.Zbl.*, 61, 1941.

Ebenso Ⅷ (Mit I. MÜLLER): "Die Abhängigkeit des Stoffwechsels von der Körpergrösse und der Zusammenhang zwischen Stoffwechseltypen und Wachstumstypen," *Rivista di Biol.*, 35, 1943.

Ebenso Ⅸ (Mit I. MÜLLER): "Der Zusammenhang zwischen Körpergrösse und Stoffwechsel bei Dixippus morosus und seine Beziehung zum Wachstum," *Zft. vgl. Physiol.*, 30, 1943.

Ebenso Ⅹ (Mit I. MÜLLER): "Weiteres über die Grössenabhängigkeit des Wachstums," *Biol. Zbl.*, 63, 1943.

"Neue Ergebnisse über Stoffwechseltypen und Wachstumstypen," *Forsch. u. Fortschr.*, 14, 1943.

"Metabolic types and growth types," *Research and Progress*, 9, 1943.

"Das Wachstum in seinen physiologischen Grundlagen und seiner Bedeutung für die Entwicklung mit besonderer Berücksichtigung des Menschen," *Zft. f. Rassenkunde*, 13, 1943.

(Mit O. HOFFMANN und O. SCHREIER): "A quantitative study of the toxic action of quinones on Planaria gonocephala," *Nature* (London), 158, 1946.

"Das organische Wachstum und seine Gesetzmässigkeiten," *Experientia*, 4, 1948.

HOFFMANN-OSTENHOF, O., L. v. BERTALANFFY und O. SCHREIER: "Untersuchungen über bakteriostatische Chinone und andere Antibiotica," VII. *Monatshefte f. Chemie*, 79, 1948.

RELLA, M: "Vitalfärbungsuntersuchungen an Süsswasserhydrozoen," *Protoplasma*, 35, 1940.

BERTALANFFY, L. v.: "Der Organismus als physikalisches System betrachtet," *Naturwiss.*, 28, 1940.

"Bemerkungen zum Modell der biologischen Elementareinheiten," *Naturwiss.*, 32, 1944.

"Vergleichende Entwicklungsgeschichte," *Handb. d. Biologie*, herausgegeben von L. v. Bertalanffy, Bd. Ⅲ . In press.

4. Further Developments

BALLAUFF, Th.: “Uber das Problem der autonomen Entwicklung im organischen Seinsbereich,” *Blätter f. deutsche Philos.*, 14, 1940.

“Die gegenwärtige Lage der Problematik des organischen Seins,” *Blätter f. deutsche Philos.*, 17, 1943.

BENNINGHOFF, A.: “Form und Funktion Ⅰ, Ⅱ,” *Zft. ges Naturwiss.*, I, 2, 1935/36.

“Über Einheiten und Systembildungen im Organismus,” *Dtsch. med. Wschr.*, 1938.

BENNINGHOFF, A.: “Eröffnungsvortrag,” *Verh. Anat. Ges.*, 46 (Erg. -H. Anat. Anz. 87), 1939.

BURROW, P.: “The organismic factor in disorders of behaviour,” *J. of Psychol.*, 4, 1937.

DEHLINGER, U. und E. WERTZ: “Biologische Grundfragen in physikalischer Betrachtung,” *Naturwiss.*, 30, 1942.

DOTTERWEICH, H.: *Das biologische Gleichgewicht und seine Bedeutung für die Hauptprobleme der Biologie*. Jean, 1940.

FRIES, C.: “Wiedergeburt der Naturphilosophie,” *Geistige Arbeit*, 1935.

Metaphysik als Naturwissenschaft. Betrachtungen zu L. v. Bertalanffys Theoretischer Biologie. Berlin, 1936.

KLATT, B.: “Die theoretische Biologie und die Problematik der Schädelform,” *Biologia Generalis*, 19, 1949.

LASSEN, H.: *Mechanismus, Vitalismus, Kausalgesetz a priori und die statistische Auffassung der Naturgesetzlichkeit in der modernen Physik.* Diss. Hamburg, 1931.

LEMMEL, H.: *Die Organismusidee in* MÖLLERS *Dauerwaldgedanken*. Berlin, 1939.

NATZMER, G. v.: “Individualität und Individualitätsstufen im Organismenreich,” *Zft. ges. Naturwiss.*, 1935.

PRIGOGINE, I.: *Étude thermodynamique des Phénomènes irréversibles*. Liége, 1947.

PRIGOGINE, I. et J. M. WIAME: "Biologie et thermodynamique des phénomènes irréversibles," *Experientia*, 2, 1946.

REINER, J. M. and S. SPIEGELMAN: "The energetics of transient and steady states," *J. phys. Chem.*, 49, 1945.

ROTHSCHUH, K. E.: *Theoretische Biologie und Medizin*. Berlin, 1936.

SPIEGELMAN, S.: "Physiological competition as a regulatory mechanism in morphogenesis," *Quart. Rev. Biol.*, 20, 1945.

SYZ, H.: "The concept of the organism-as-a-whole and its application to clinical situations," *Human Biology*, 8, 1936.

WEBER, H.: "Der Umweltbegriff der Biologie und seine Anwendung," *Der Biologe*, 8, 1938.

"Zur Fassung und Gliederung eines allgemeinen biologischen Umweltbegriffes," *Naturwiss.*, 27, 1939.

ZEIGER, K.: "Neuere Anschauungen über den Feinbau des Protoplasmas," *Klin. Wschr.*, 22, 1943.

ZIMMERMANN, H.: "Theoretische Biologie und Heilkunde der Gegenwart," *Klin. Wschr.*, Ⅱ, 1932.

"Zum Begriff des 'Biologischen' in der Heilkunde," *Klin. Wschr.*, 15, 1936.

5. Similar Viewpoints from Other Sources

ALVERDES, F.: "Acht Jahre tierpsychologischer Forschung im Marburger Zoologischen Institut," *Sitzber. Ges. Beförderung d. ges. Naturwiss., Marburg*, 72, 1937.

BAVINK, B.: *Ergebnisse und Probleme der Naturwissenschaften*. 8th ed., Bern, 1944.

BURTON, A. C.: "The properties of the steady state as compared to those of equilibrium as shown in characteristic biological behaviour," *J. gen. a. comp. Physiol.*, 14, 1939.

CONRAD, K.: *Der Konstitutionstypus als genetisches Problem*. Berlin, 1941.

DALCQ, A.: *L'œuf et son dynamisme organisateur*. Paris, 1941.

DÜRKEN, B.: *Entwicklungsbiologie und Ganzheit*. Leipzig, 1937.

EDLBACHER, S.: "Das Ganzheitsproblem in der Biochemie," *Experientia*, 2, 1946.

FRANKENBERG, G.: *Das Wesen des Lebens*. Braunschweig, 1933.

HIRSCH, G. Ch.: "Der Aufbau des Tierkörpers," *Handb. d. Biologie*, herausgegeben von L. v. Bertalanffy, Bd. Ⅵ, 1944.

HOLST, E. v.: "Vom Wesen der Ordnung im Zentralnervensystem," *Naturwiss*., 25, 1937.

"Von der Mathematik der nervösen Ordnungsfunktion," *Experientia*, 4, 1948.

HUZELLA, Th.: *Die zwischenzellige Organisation*. Jena, 1941.

JORDAN, H.: "Die Logik der Naturwissenschaften," *Biol. Zbl*., 52, 1932.

Die theoretischen Grundlagen der Tierphysiologie. Leiden, 1941.

KÖHLER, O.: *Das Ganzheitsproblem in der Biologie*. Königsberg, 1930.

MITTASCH, A.: *Über katalytische Verursachung im biologischen Geschehen*. Berlin, 1935.

Über Katalyse und Katalysatoren in Chemie und Biologie. Berlin, 1936.

Katalyse und Determinismus. Berlin, 1938.

NEEDHAM, J.: *Order and Life*. Cambridge, 1936.

Integrative Levels. Oxford, 1937 (1941).

NEERGARD, K. v.: *Die Aufgabe des* 20. *Jahrhunderts*. 3rd ed., Erlenbach-Zürich, 1943.

OLDEKOP, E.: *Über das hierarchische Prinzip in der Natur und seine Beziehungen zum Mechanismus-Vitalismus-Problem*. Reval, 1930.

RENSCH, B.: *Neuere Probleme der Abstammungslehre*. Stuttgart, 1947.

RITTER, W. E. and E. W. BAILEY: "The organismal conception," *Univ. Calif. Publ. in Zool*., 31, 1928.

ROTHACKER, E.: *Die Schichten der Persönlichkeit*. 3rd ed., Leipzig, 1947.

RUSSELL, E. S.: *The Interpretation of Development and Heredity*. Oxford, 1931.

SAPPER, K.: *Biologie und organische Chemie*. Berlin, 1930.

SCHRÖDINGER, E.: *Was ist Leben*? Bern, 1946.

SEITZ, L.: *Wachstum, Geschlecht und Fortpflanzung als ganzheitlich erbmässig-hormonales Problem*. Berlin, 1939.

SKRABAL, A.: "Das Reaktionsschema der Waldenschen Umkehrung," *Österr. Chemiker-Zft.*, 48, 1947.

UNGERER, E.: *Die Regulationen der Pflanzen*. 1st ed., Berlin, 1919. "Erkenntnisgrundlagen der Biologie, ihre Geschichte und ihr gegenwärtiger Stand," *Handb. d. Biologie*, herausgegeben von L. v. Bertalanffy, Bd. I, 1941.

VANSELOW, K.: "Grundlagen der Forstwirtschaft," *Handb. d. Biologie*, herausgegeben von L. v. Bertalanffy, Bd. Ⅷ/2, 1943.

WHEELER, W. M.: "Die heutigen Strömungen in der biologischen Theorie," *Unsere Welt*, 21, 1929.

WOLTERECK, R.: *Ontologie des Lebendigen*. Stuttgart, 1940.

WOODGER, J. H.: *Biological Principles*, London, 1929.

6. Recent Work Pertinent to Organismic Biology

BALLAUFF, TH.: *Das Problem des Lebendigen*. Bonn, 1949.

BENTLEY, A. F.: "Kennetic inquiry," *Science*, 112, 1950.

BERTALANFFY, L. von: "Problems of organic growth," *Nature*, 163, 1949.

"Goethes Naturauffassung," *Atlantis* (Zurich), 8, 1949. "Goethe's concept of nature," *Main Currents in Modern Thought*, 8, 1951.

"The theory of open systems in physics and biology," *Science*, 111, 1950.

"An outline of General System Theory," *Brit. J. Philos. Sci.*, 1, 1950.

"Growth types and metabolic types," *Amer. Naturalist*, 85, 1951.

"Theoretical models in biology and psychology," In: Theoretical Models and Personality Theory. (Symposium.) *J. Personality*, 1951.

BERTALANFFY, L. von, C. G. HEMPEL, R. E. BASS, and H. JONAS: "General System Theory—A new approach to unity of science" (Symposium), *Human Biology*, 1951.

BERTALANFFY, L. von and W. J. PIROZYNSKI: "Tissue respiration and body size," *Science*, 113, 1951.

BODE, H., *et al*.: "The education of a scientific generalist," *Science*, 109, 1949.

BRUNSWIK, E.: "The Conceptual Framework of Psychology," *Internat. Encyclopedia of Unified Science*, vol. 1, No. 10. Chicago, 1950. (Preliminary mimeographed edition.)

CANTRIL, H., *et al*.: "Psychology and scientific research," *Science*, 110, 1949

HOBBIGER, F. und G. WERNER: "Ueber das chemische Gleichgewicht der Acetylcholinverteilung im Gehirngewebe von Warmbluetern," *Z. Vitamin-Hormon-Fermentforsch*, 2, 1949.

"Zum Verhalten der Acetylcholinsynthese im Gehirnbrei von Warmbluetern," *Arch. int. Pharmacodyn*., 79, 1949.

KRECH, D.: "Dynamic systems as open neurological systems," *Psychol. Rev*., 57, 1950.

LUDWIG, W. und J. KRYWIENCZYK: "Koerpergroesse, Koerperzeiten und Energiebilanz," Ⅲ. *Z. vgl. Physiol*., 32, 1950.

MENNINGER, K.: *Psychiatric Nosology and the Nature of Illness*. (Mimeograph.) Topeca (Ka.), 1951.

NETTER, H.: "Die Feinstruktur der Zelle als dynamisches Geschehen," *Verh. Dtsch. Path. Ges*., 1949.

SCHREIER, O.: "Die schaedigende Wirkung verschiedener Chinone auf Planaria gonocephala Dug. und ihre Beziehung zur Childschen Gradiententheorie," *Oesterr. Zool. Z*., 2, 1949.

SCHULZ, G. V.: "Ueber den makromolekularen Stoffwechsel der Organismen," *Naturwiss*., 37, 1950.

SEIDEL, F.: *Goethe gegen Kant*. Berlin, 1948.

SKRABAL, A.: "Die Kettenreaktionen, anders gesehen," *Mh. Chemie*, 80, 1949.

TRIBIÑO, S. MORALES GORLERI de: "Las conquistas de la Fisica y su repercusión en la Biologia. Las teorias de Schrödinger y de Bertalanffy sobra la estructura de los chromosomas," *Anales Soc. Cientif. Argentina, entrega I*, 146, 1948.

WERNER, G.: "Beitrag zur mathematischen Behandlung pharmakologischer Fragen," *Sitzber. Akad. Wiss. Wien, Math.-naturwiss. Kl. Abt.* Ⅱ*a*. 156, 1947.

ZIMMERMANN, H.: "Das Gefuege der Heilkunde," *Med. Klinik*, 1946.

7. Suggested Readings on Modern Biological Thought

ALEXANDER, J.: *Life. Its Nature and Origin*. New York, 1948.

CANNON, W. B.: *The Wisdom of the Body*. New York, 1939.

CARREL, A.: *Man The Unknown*. New York and London, 1939.

DRIESCH, H.: *The Science and Philosophy of the Organism*. New York, 1928.

HOLMES, S. J.; *Organic Form and Related Biological Problems*. Berkeley, 1940.

HUXLEY, J.: *Evolution. The Modern Synthesis*. 4th impr. London, 1945.

LECOMTE DU NOÜY: *Human Destiny*. New York, 1947.

LILLIE, R. S.: *General Biology and Philosophy of the Organism*. Chicago, 1945.

NEEDHAM, J.: *Order and Life*. New Haven, 1936.

RUSSELL, E. S.: *The Directiveness of Organic Activities*. Cambridge (England), 1945.

SCHRÖDINGER, E.: *What is Life?*. New York, 1946

SHERRINGTON, Sir CHARLES S.: *Man and His Nature*. Cambridge (England), 1945.

SIMPSON, G. G.: *Tempo and Mode in Evolution*. New York, 1944.

SINGER, CH.: *A History of Biology*. London, 1950.

SINNOTT, E.M.: *Cell and Psyche. The Biology of Purpose*. Chapel Hill, 1950.

WIENER, N.: *Cybernetics*. New York and Paris, 1948.

WOODGER, J. H.: *Biological Principles*. New York and London, 1929.

译后记

· *Postscript to the Chinese Version* ·

20 世纪 70 年代末至 80 年代中期，我在上海社会科学院哲学研究所自然辩证法研究室主要从事现代生物学思想史和生命科学哲学研究工作。1986 年之前，我在中国科学院《自然辩证法通讯》杂志社主办的《科学与哲学研究资料》双月刊、《世界科学》译刊（上海科学技术出版社出版）上分别发表了美国学者 G. E. 艾伦《二十世纪的生命科学》中“进化论的综合”“分子生物学的起源和发展”的章节译文，以及国外期刊有关生命的定义、社会生物学、经典达尔文进化论在当代遭遇的挑战、生物分子进化理论等文献的译文，近 9 万字，为翻译《生命问题》做了学术积累。1985 年，我承担撰写六卷本《哲学大辞典》（上海辞书出版社出版）“自然辩证法”学科生物学哲学、著名生物学家、现代科学哲学的辞目 67 条，约 5 万字，其中有“贝塔朗菲”以及与他评价现代生物学思想相关的“机体论”“整体论”“机械论”“活力论”等辞目。为了写好这部大型哲学专科辞典的这些辞目释文，我到中国科学院上海分院图书馆查找到了贝塔朗菲《生命问题——现代生物学思想评价》1952 年英文本，摘译了其中的主要思想观点。在这过程中，我惊异地发现这本著作的重要学术价值。1986 年夏，我向商务印书馆申报翻译这部名著。该馆哲学编译室回复：这是读书界期待已久的名著，纳入翻译规划。次年夏，我完成了译著初稿。

翻译过程中，我对这本著作的核心概念和重要术语的译法，进行了慎重推敲。

贝塔朗菲在《生命问题》中倡导的核心概念是 organismic conception。organism 的中文意思一般指“生物”“有机体”“机体”“有机组织”，在生物学的学说语境中指“机体说”，在哲学语境中指“机体论”（参见上海译文出版社《新英汉词典》2000 年第 1 版）。与这个核心概念相对立的是机械论（mechanism）概念和活力论（vitalism）概念。20 世纪 80 年代国内出版的贝塔朗菲系统论著作中译本，发表的介绍他学术思想的文章、读物，通常将 organismic conception 译为“有机体概念”。“有机体”概念在生物学思想领域不是创新概念，这样的翻译也不能显示 organism 在哲学语境中含有“学说”“主义”的意思。因此，在贝塔朗菲的哲学语境中，organism 应译为“机体论”。这个概念实质上含有“有机体系统论”的意义。

20 世纪 80 年代，国内出版了翻译和介绍贝塔朗菲一般系统论的书籍，由于译者和作者尚未仔细阅读《生命问题》的英文原著，往往误解、误译贝塔朗菲常用的一些基本术语。诸如，将贝塔朗菲早期生物学著作《现代发育理论》（*Modern Theories of Development*）的书名直译为“现代发展理论”。finality 是贝塔朗菲系统论的常用术语。当时国内出版物对这个词有多种译法：“结尾”“终极性”“预决性”“目的性”。译为“结尾”，读者不易理解。译为“终极性”也欠妥，因为“终极”一词在英语中用 ultimate 表示。按照英汉词典，finality 的基本含义是“终结、定局”，在机体论、系统论的语境中是“终局”的意思。在《生命问题》和《一般系统论》中常出现的术语 equifinality，是指开放系统可以从不同的初始状态达到相同的最终状态，诸如贝塔朗菲列举的“调整卵”发育行为。有的出版物将 equifinality 译为“平衡终极性”，显然未理解该术语的具体含义。在机体论、系统论的语境中，该术语译为“等终局性”较妥。《生命问题》和《一般系统论》常用的术语 growth in time，有些出版物一律直译为“随时间生长”或“时间中增长”是不妥的。英语习语“in time”是“及时”的意思，按本书中的具体语境，在有的句子中应译为“及时生长”。

这本学术名著内容之丰富，超出了生物学范围。作者不仅广泛涉及物理学、化学、心理学领域的知识，而且引用了哲学、文学、社会科学领域的许多思想文化资源。翻译过程中，为严谨起见，书中有些生物化学问题的论述，我请教了中国科学院上海生物化学研究所资深研究员徐京华先生。书中引用的歌德《浮士德》《变易中的永续》诗句的翻译，我参考或选用了钱春绮先生的译作，并拜访钱春绮先生，就译文细节与他斟酌。书中有些涉及德国文化，诸如著名诗人荷尔德林诗句等文字的翻译，我请教了当时来我工作单位访问的德意志民主共和国科学院院士、中央哲学研究所副所长赫尔伯特·霍尔兹先生。本书中几处拉丁文短语的翻译，通过中国社会科学院哲学研究所李理女士的联系，请教了该所资深研究员傅乐安先生。

1987 年 7 月我将《生命问题》译稿提交给商务印书馆。该馆邀请中国社会科学院哲学研究所自然辩证法研究室资深研究员金吾伦先生校阅译稿。金吾伦先生校阅后的评语是，这本书内容精湛，分析透彻，观点鲜明，译文也很流畅。1995 年，按商务印书馆编辑的要求，我对照英文本原著将校阅稿作了通篇检查，对个别字句作了推敲和修饰，并修改完善了译者前言。1999 年 4 月该译本出版，发行四千本，很快售罄。

2022 年，逢贝塔朗菲逝世 50 周年和《生命问题》英文本首版 70 周年，北京大学出版社决定将这本学术名著中译本列入“科学元典丛书”出版计划。目前这个译本，可以说是商务印书馆译本的修订版。本人对照英文本原著，对商务印书馆译本中的一些文字、句子作了修订和修饰。北京大学出版社编辑杨明煜、孟祥蕊以及编审周志刚以严谨的态度先后对原中译本进行了仔细校阅，对其中一些文字提出了有益的修改意见。对原中译本第四章开头和第六章结尾歌德的诗句，我参考周志刚编审提出的修改意见，并借鉴钱春绮译文的某些合理元素，重新作了翻译。孟祥蕊据《辞海》、维基百科等网站信息，对书中主要科学家、哲学家等人物加注了外文名的缩写和生卒年。

我撰写本书“导读”的过程中，参考和引用的文献有：贝塔朗菲著《一般系统论》（秋同、袁嘉新译，社会科学文献出版社 1987 年第 1 版），贝塔朗菲著、P. A. 拉威奥莱特编《人的系统观》（张志伟等译，华夏出版社 1989 年第 1 版），〔美〕马克 · 戴维森著《隐匿中的奇才——路德维希 · 冯 · 贝塔朗菲传》（陈蓉霞译，东方出版中心 1999 年第 1 版），〔美〕G. E. 艾伦著《二十世纪的生命科学》（谭茜、田铭、王云松译，北京师范大学出版社 1985 年第 1 版），〔奥〕埃尔温 · 薛定谔著《生命是什么？》（傅季重、赵寿元、胡寄南等译，上海人民出版社 1973 年第 1 版），潘永祥主编《自然科学发展简史》（北京大学出版社 1984 年第 1 版），申先甲、张锡鑫、祁有龙编著《物理学史简编》（山东教育出版社 1985 年第 1 版）。

北京大学出版社科学元典丛书主编和编辑同志为本书的出版做了辛勤的工作，谨此致以衷心感谢！

吴晓江

2024 年 9 月

科学元典丛书（红皮经典版）

1	天体运行论	［波兰］哥白尼
2	关于托勒密和哥白尼两大世界体系的对话	［意］伽利略
3	心血运动论	［英］威廉·哈维
4	薛定谔讲演录	［奥地利］薛定谔
5	自然哲学之数学原理	［英］牛顿
6	牛顿光学	［英］牛顿
7	惠更斯光论（附《惠更斯评传》）	［荷兰］惠更斯
8	怀疑的化学家	［英］波义耳
9	化学哲学新体系	［英］道尔顿
10	控制论	［美］维纳
11	海陆的起源	［德］魏格纳
12	物种起源（增订版）	［英］达尔文
13	热的解析理论	［法］傅立叶
14	化学基础论	［法］拉瓦锡
15	笛卡儿几何	［法］笛卡儿
16	狭义与广义相对论浅说	［美］爱因斯坦
17	人类在自然界的位置（全译本）	［英］赫胥黎
18	基因论	［美］摩尔根
19	进化论与伦理学(全译本)(附《天演论》)	［英］赫胥黎
20	从存在到演化	［比利时］普里戈金
21	地质学原理	［英］莱伊尔
22	人类的由来及性选择	［英］达尔文
23	希尔伯特几何基础	［德］希尔伯特
24	人类和动物的表情	［英］达尔文
25	条件反射：动物高级神经活动	［俄］巴甫洛夫
26	电磁通论	［英］麦克斯韦
27	居里夫人文选	［法］玛丽·居里
28	计算机与人脑	［美］冯·诺伊曼
29	人有人的用处——控制论与社会	［美］维纳
30	李比希文选	［德］李比希
31	世界的和谐	［德］开普勒
32	遗传学经典文选	［奥地利］孟德尔 等
33	德布罗意文选	［法］德布罗意
34	行为主义	［美］华生

35 人类与动物心理学讲义 ［德］冯特
36 心理学原理 ［美］詹姆斯
37 大脑两半球机能讲义 ［俄］巴甫洛夫
38 相对论的意义：爱因斯坦在普林斯顿大学的演讲 ［美］爱因斯坦
39 关于两门新科学的对谈 ［意］伽利略
40 玻尔讲演录 ［丹麦］玻尔
41 动物和植物在家养下的变异 ［英］达尔文
42 攀援植物的运动和习性 ［英］达尔文
43 食虫植物 ［英］达尔文
44 宇宙发展史概论 ［德］康德
45 兰科植物的受精 ［英］达尔文
46 星云世界 ［美］哈勃
47 费米讲演录 ［美］费米
48 宇宙体系 ［英］牛顿
49 对称 ［德］外尔
50 植物的运动本领 ［英］达尔文
51 博弈论与经济行为（60 周年纪念版） ［美］冯·诺伊曼 摩根斯坦
52 生命是什么（附《我的世界观》） ［奥地利］薛定谔
53 同种植物的不同花型 ［英］达尔文
54 生命的奇迹 ［德］海克尔
55 阿基米德经典著作集 ［古希腊］阿基米德
56 性心理学、性教育与性道德 ［英］霭理士
57 宇宙之谜 ［德］海克尔
58 植物界异花和自花受精的效果 ［英］达尔文
59 盖伦经典著作选 ［古罗马］盖伦
60 超穷数理论基础（茹尔丹 齐民友 注释） ［德］康托
61 宇宙（第一卷） ［德］亚历山大·洪堡
62 圆锥曲线论 ［古希腊］阿波罗尼奥斯
63 几何原本 ［古希腊］欧几里得
64 莱布尼兹微积分 ［德］莱布尼兹
65 相对论原理（原始文献集） ［荷兰］洛伦兹［美］爱因斯坦 等
66 玻尔兹曼气体理论讲义 ［奥地利］玻尔兹曼
67 巴斯德发酵生理学 ［法］巴斯德
68 化学键的本质 ［美］鲍林

科学元典丛书（彩图珍藏版）

自然哲学之数学原理（彩图珍藏版）	［英］牛顿
物种起源（彩图珍藏版）（附《进化论的十大猜想》）	［英］达尔文
狭义与广义相对论浅说（彩图珍藏版）	［美］爱因斯坦
关于两门新科学的对话（彩图珍藏版）	［意］伽利略
海陆的起源（彩图珍藏版）	［德］魏格纳

科学元典丛书（学生版）

1 天体运行论（学生版）	［波兰］哥白尼
2 关于两门新科学的对话（学生版）	［意］伽利略
3 笛卡儿几何（学生版）	［法］笛卡儿
4 自然哲学之数学原理（学生版）	［英］牛顿
5 化学基础论（学生版）	［法］拉瓦锡
6 物种起源（学生版）	［英］达尔文
7 基因论（学生版）	［美］摩尔根
8 居里夫人文选（学生版）	［法］玛丽·居里
9 狭义与广义相对论浅说（学生版）	［美］爱因斯坦
10 海陆的起源（学生版）	［德］魏格纳
11 生命是什么（学生版）	［奥地利］薛定谔
12 化学键的本质（学生版）	［美］鲍林
13 计算机与人脑（学生版）	［美］冯·诺伊曼
14 从存在到演化（学生版）	［比利时］普里戈金
15 九章算术（学生版）	〔汉〕张苍〔汉〕耿寿昌 删补
16 几何原本（学生版）	［古希腊］欧几里得

科学元典·数学系列
科学元典·物理学系列
科学元典·化学系列
科学元典·生命科学系列
科学元典·生命科学系列（达尔文专辑）
科学元典·天学与地学系列
科学元典·实验心理学系列
科学元典·交叉科学系列

全新改版·华美精装·大字彩图·书房必藏

科学元典丛书，销量超过100万册！

——你收藏的不仅仅是“纸”的艺术品，更是两千年人类文明史！

科学元典丛书（彩图珍藏版）除了沿袭丛书之前的优势和特色之外，还新增了三大亮点：

①增加了数百幅插图。

②增加了专家的“音频＋视频＋图文”导读。

③装帧设计全面升级，更典雅、更值得收藏。

名作名译·名家导读

《物种起源》由舒德干领衔翻译，他是中国科学院院士，国家自然科学奖一等奖获得者，西北大学早期生命研究所所长，西北大学博物馆馆长。2015 年，舒德干教授重走达尔文航路，以高级科学顾问身份前往加拉帕戈斯群岛考察，幸运地目睹了达尔文在《物种起源》中描述的部分生物和进化证据。本书也由他亲自“音频＋视频＋图文”导读。

《自然哲学之数学原理》译者王克迪，系北京大学博士，中共中央党校教授、现代科学技术与科技哲学教研室主任。在英伦访学期间，曾多次寻访牛顿生活、学习和工作过的圣迹，对牛顿的思想有深入的研究。本书亦由他亲自“音频＋视频＋图文”导读。

《狭义与广义相对论浅说》译者杨润殷先生是著名学者、翻译家。校译者胡刚复（1892—1966）是中国近代物理学奠基人之一，著名的物理学家、教育家。本书由中国科学院李醒民教授撰写导读，中国科学院自然科学史研究所方在庆研究员“音频＋视频”导读。

《关于两门新科学的对话》译者北京大学物理学武际可教授，曾任中国力学学会副理事长、计算力学专业委员会副主任、《力学与实践》期刊主编、《固体力学学报》编委、吉林大学兼职教授。本书亦由他亲自导读。

《海陆的起源》由中国著名地理学家和地理教育家，南京师范大学教授李旭旦翻译，北京大学教授孙元林，华中师范大学教授张祖林，中国地质科学院彭立红、刘平宇等导读。